GOUVERNEMENT GÉNÉRAL

DE

MADAGASCAR ET DÉPENDANCES

STATISTIQUES GÉNÉRALES

1906

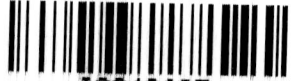

GOUVERNEMENT GÉNÉRAL DE MADAGASCAR ET DÉPENDANCES

STATISTIQUES GÉNÉRALES

SITUATION DE LA COLONIE AU 31 DÉCEMBRE 1906

POPULATION — ADMINISTRATION — JUSTICE — ENSEIGNEMENT — AGRICULTURE

INDUSTRIE — COMMERCE ET NAVIGATION

RÉPUBLIQUE FRANÇAISE

MELUN

IMPRIMERIE ADMINISTRATIVE

1908

I

POPULATION

POPULATION EUROPÉENNE

N° 1 — ÉTAT INDIQUANT LE NOMBRE DES NAISSANCES PENDANT L'ANNÉE 1906 (POPULATION EUROPÉENNE) MILITAIRES NON COMPRIS

Père et mère européens

PROVINCES	Français — Enfants légitimes, Garçons	Filles	Enfants illégitimes, Reconnus, Garçons	Filles	Non reconnus, Garçons	Filles	Mort-nés, Garçons	Filles	Total	Étrangers — Enfants légitimes, Garçons	Filles	Enfants illégitimes, Reconnus, Garçons	Filles	Non reconnus, Garçons	Filles	Mort-nés, Garçons	Filles	Total
Diégo-Suarez, Commune	26	16	2	1	5	5	8	3	68	3	3	1	2	»	»	»	1	10
Diégo-Suarez, Province	1	5	1	»	1	»	»	»	8	»	»	»	»	»	»	»	»	»
Total	27	21	3	1	6	5	8	3	76	3	3	1	2	»	»	»	1	10
Vohémar	»	2	»	»	»	»	1	»	3	2	»	»	»	»	»	»	1	3
Maroantsetra	»	1	»	»	»	»	»	»	»	»	»	»	»	»	»	»	»	»
Sainte-Marie	»	»	»	»	»	»	»	»	»	»	»	»	»	»	»	»	»	»
Tamatave, Commune	18	17	6	4	9	8	6	3	72	17	15	16	5	4	2	»	»	59
Tamatave, Province	»	2	»	3	»	»	»	»	5	1	»	»	»	»	»	»	»	1
Total	18	19	6	7	9	8	6	3	77	18	15	16	5	4	2	»	»	60
Andevorante	2	5	2	5	»	»	»	»	14	1	1	3	»	»	»	»	»	5
Vatomandry	5	5	»	»	»	»	»	»	10	1	»	2	»	»	»	»	»	3
Mananjary	3	6	»	»	»	»	»	»	9	1	4	»	»	»	»	»	»	5
Farafangana	»	»	»	»	»	»	»	»	»	»	1	»	»	»	»	»	»	1
Nossi-Bé, Commune	3	1	»	»	»	»	1	»	5	»	1	»	»	»	»	»	»	1
Nossi-Bé, Province	»	»	»	»	»	»	»	»	»	»	»	»	»	»	»	»	»	»
Total	3	1	»	»	»	»	1	»	5	»	1	»	»	»	»	»	»	1
Analalava	»	»	»	»	»	»	»	»	»	»	»	»	»	»	»	»	»	»
Majunga, Commune	8	9	»	1	1	5	1	»	25	1	»	»	»	»	»	»	»	1
Majunga, Province	»	»	1	1	»	»	»	»	2	»	»	5	1	»	»	»	»	6
Total	8	9	1	2	1	5	1	»	27	1	»	5	1	»	»	»	»	7
Maintirano	»	»	»	»	»	»	»	»	»	»	»	»	»	»	»	»	»	»
Mevatanana	»	»	»	»	»	»	»	»	»	4	»	»	»	»	»	»	»	4
Morondava	»	»	»	»	»	»	»	»	»	»	»	»	»	»	»	»	»	»
Tuléar	3	1	»	1	»	»	»	»	5	1	2	»	»	»	»	»	»	3
Ankazobé	1	»	»	»	»	»	»	»	1	»	1	»	»	»	»	»	»	1
Itasy	1	»	»	»	»	»	»	»	1	»	»	»	»	»	»	»	»	»
Tananarive, Commune	29	18	»	»	»	»	»	»	47	3	3	»	»	»	»	»	»	6
Tananarive, Province	»	»	»	»	»	»	»	»	»	»	»	»	»	»	»	»	»	»
Total	29	18	»	»	»	»	»	»	47	3	3	»	»	»	»	»	»	6
Vakinankaratra	1	»	»	»	»	»	1	»	2	1	»	»	»	»	»	»	»	1
Ambositra	4	2	»	»	»	»	1	»	7	1	2	»	»	»	»	»	»	3
Fianarantsoa, Commune	4	3	»	»	»	»	»	»	7	1	»	»	»	»	»	»	»	1
Fianarantsoa, Province	»	»	»	»	»	»	»	»	»	»	»	»	»	»	»	»	»	»
Total	4	3	»	»	»	»	»	»	7	1	»	»	»	»	»	»	»	1
Betroka	»	»	»	»	»	»	»	»	»	»	»	»	»	»	»	»	»	»
Fort-Dauphin	2	1	1	»	1	»	1	»	6	2	1	»	»	»	»	»	»	3
Mahafaly	»	»	»	»	»	»	»	»	»	»	»	»	»	»	»	»	»	»
Totaux	111	98	13	10	17	19	20	6	294	40	34	27	7	4	2	»	2	116

Père européen, mère métis — Mère européenne, père métis

PROVINCES	Père européen, mère métis — Enfants légitimes, Garçons	Filles	Enfants illégitimes, Reconnus, Garçons	Filles	Non reconnus, Garçons	Filles	Mort-nés, Garçons	Filles	Total	Mère européenne, père métis — Enfants légitimes, Garçons	Filles	Enfants illégitimes, Reconnus, Garçons	Filles	Non reconnus, Garçons	Filles	Mort-nés, Garçons	Filles	Total
Diégo-Suarez, Commune	»	»	»	»	»	»	»	»	»	»	»	»	»	»	»	»	»	»
Diégo-Suarez, Province	»	»	»	»	»	»	»	»	»	»	»	»	»	»	»	»	»	»
Total	»	»	»	»	»	»	»	»	»	»	»	»	»	»	»	»	»	»
Vohémar	1	»	1	»	»	»	»	»	2	»	»	»	»	»	»	»	»	»
Maroantsetra	»	»	»	»	»	»	»	»	»	»	»	»	»	»	»	»	»	»
Sainte-Marie	»	»	»	»	»	»	»	»	»	»	»	»	»	»	»	»	»	»
Tamatave, Commune	»	»	»	»	»	»	»	»	»	»	»	»	»	»	»	»	»	»
Tamatave, Province	»	»	»	»	»	»	»	»	»	»	»	»	»	»	»	»	»	»
Total	»	»	»	»	»	»	»	»	»	»	»	»	»	»	»	»	»	»
Andevorante	1	1	1	»	»	1	»	»	3	»	»	»	»	»	»	»	»	»
Vatomandry	»	»	»	»	»	»	»	»	»	»	»	»	»	»	»	»	»	»
Mananjary	»	»	»	1	»	»	»	»	1	»	»	»	»	»	»	»	»	»
Farafangana	»	»	»	»	»	»	»	»	»	»	»	»	»	»	»	»	»	»
Nossi-Bé, Commune	»	»	»	»	»	»	»	»	»	»	»	»	»	»	»	»	»	»
Nossi-Bé, Province	»	»	»	»	»	»	»	»	»	»	»	»	»	»	»	»	»	»
Total	»	»	»	»	»	»	»	»	»	»	»	»	»	»	»	»	»	»
Analalava	»	»	1	1	»	»	»	»	2	»	»	»	»	»	»	»	»	»
Majunga, Commune	1	»	»	»	»	»	»	»	1	»	»	»	»	»	»	»	»	»
Majunga, Province	»	»	»	»	»	»	»	»	»	»	»	8	9	»	»	»	»	17
Total	1	»	»	»	»	»	»	»	1	»	»	8	9	»	»	»	»	17
Maintirano	»	»	»	»	»	»	»	»	»	»	»	»	»	»	»	»	»	»
Mevatanana	»	»	»	»	»	»	»	»	»	»	»	»	»	»	»	»	»	»
Morondava	»	»	»	»	»	»	»	»	»	»	»	»	»	»	»	»	»	»
Tuléar	»	»	»	»	»	»	»	»	»	»	»	»	»	»	»	»	»	»
Ankazobé	»	»	»	»	»	»	»	»	»	»	»	»	»	»	»	»	»	»
Itasy	»	»	»	»	»	»	»	»	»	»	»	»	»	»	»	»	»	»
Tananarive, Commune	»	»	»	»	»	»	»	»	»	»	»	»	»	»	»	»	»	»
Tananarive, Province	»	»	»	»	»	»	»	»	»	»	»	»	»	»	»	»	»	»
Total	»	»	»	»	»	»	»	»	»	»	»	»	»	»	»	»	»	»
Vakinankaratra	»	»	»	»	»	»	»	»	»	»	»	»	»	»	»	»	»	»
Ambositra	»	»	»	»	»	»	»	»	»	»	»	»	»	»	»	»	»	»
Fianarantsoa, Commune	»	»	»	»	»	»	»	»	»	»	»	»	»	»	»	»	»	»
Fianarantsoa, Province	»	»	»	»	»	»	»	»	»	»	»	»	»	»	»	»	»	»
Total	»	»	»	»	»	»	»	»	»	»	»	»	»	»	»	»	»	»
Betroka	»	»	»	»	»	»	»	»	»	»	»	»	»	»	»	»	»	»
Fort-Dauphin	»	»	»	»	»	»	»	»	»	»	»	»	»	»	»	»	»	»
Mahafaly	»	»	»	2	»	»	»	»	2	»	»	»	»	»	»	»	»	»
Totaux	3	1	2	4	»	1	»	»	12	»	»	8	9	»	»	»	»	17

Père européen, mère indigène — Mère européenne, père indigène

PROVINCES	Père européen, mère indigène — Enfants légitimes, Garçons	Filles	Enfants illégitimes, Reconnus, Garçons	Filles	Non reconnus, Garçons	Filles	Mort-nés, Garçons	Filles	Total	Mère européenne, père indigène — Enfants légitimes, Garçons	Filles	Enfants illégitimes, Reconnus, Garçons	Filles	Non reconnus, Garçons	Filles	Mort-nés, Garçons	Filles	Total
Diégo-Suarez, Commune	1	»	»	»	»	»	»	»	1	»	»	»	»	»	»	»	»	»
Diégo-Suarez, Province	»	»	»	»	»	»	»	»	»	»	»	»	»	»	»	»	»	»
Total	1	»	»	»	»	»	»	»	1	»	»	»	»	»	»	»	»	»
Vohémar	»	»	»	1	»	»	1	»	2	»	»	»	»	»	»	»	»	»
Maroantsetra	»	»	»	»	»	»	»	»	»	»	»	»	»	»	»	»	»	»
Sainte-Marie	»	»	»	»	»	»	»	»	»	»	»	»	»	»	»	»	»	»
Tamatave, Commune	»	»	»	»	»	»	»	»	»	»	»	»	»	»	»	»	»	»
Tamatave, Province	»	»	1	2	»	»	»	»	3	»	»	»	»	»	»	»	»	»
Total	»	»	1	2	»	»	»	»	3	»	»	»	»	»	»	»	»	»
Andevorante	»	»	3	1	»	»	»	»	4	»	»	»	»	4	1	»	»	5
Vatomandry	»	»	3	»	»	»	»	»	3	»	»	»	»	»	»	»	»	»
Mananjary	2	»	1	1	»	»	»	»	4	»	»	»	»	»	»	»	»	»
Farafangana	»	»	1	»	»	»	»	»	1	»	»	»	»	»	»	»	»	»
Nossi-Bé, Commune	»	»	1	»	»	»	»	»	1	»	»	»	»	»	»	»	»	»
Nossi-Bé, Province	»	»	»	»	»	»	»	»	»	»	»	»	»	»	»	»	»	»
Total	»	»	1	»	»	»	»	»	1	»	»	»	»	»	»	»	»	»
Analalava	»	»	1	5	1	1	»	»	8	»	»	»	»	»	»	»	»	»
Majunga, Commune	»	»	»	1	»	»	»	»	1	»	»	»	»	»	»	»	»	»
Majunga, Province	»	»	»	1	»	»	»	»	1	»	1	»	»	»	2	»	»	3
Total	»	»	»	2	»	»	»	»	2	»	1	1	»	»	2	»	»	3
Maintirano	»	»	»	»	»	»	»	»	»	»	»	»	»	»	»	»	»	»
Mevatanana	»	»	2	»	»	»	»	»	2	»	»	»	»	»	»	»	»	»
Morondava	»	»	»	2	1	»	»	»	3	»	»	»	»	»	»	»	»	»
Tuléar	»	»	»	»	»	»	»	»	»	»	»	»	»	»	»	»	»	»
Ankazobé	»	»	»	1	»	»	»	»	1	»	»	»	»	»	»	»	»	»
Itasy	»	»	»	»	1	»	»	»	1	»	»	»	»	»	»	»	»	»
Tananarive, Commune	2	1	13	15	»	»	»	»	37	»	»	»	»	»	»	»	»	»
Tananarive, Province	»	»	»	»	2	1	»	»	3	»	»	»	»	»	»	»	»	»
Total	2	1	19	15	2	1	»	»	40	»	»	»	»	»	»	»	»	»
Vakinankaratra	»	»	»	1	»	»	»	»	1	»	»	»	»	»	»	»	»	»
Ambositra	»	»	1	1	»	»	»	»	2	»	»	»	»	»	»	»	»	»
Fianarantsoa, Commune	»	»	1	3	»	»	»	»	4	»	»	»	»	»	»	»	»	»
Fianarantsoa, Province	»	»	»	»	»	»	»	»	»	»	»	»	»	»	»	»	»	»
Total	»	»	1	3	»	»	»	»	4	»	»	»	»	»	»	»	»	»
Betroka	»	»	»	»	»	»	»	»	»	»	»	»	»	»	»	»	»	»
Fort-Dauphin	»	»	»	»	»	»	»	»	»	»	»	»	»	»	»	»	»	»
Mahafaly	»	»	»	»	»	1	»	»	1	»	»	»	»	»	»	»	»	»
Totaux	3	1	37	33	8	5	1	»	87	»	1	»	»	4	3	»	»	9

2 — ÉTAT INDIQUANT LE NOMBRE DES DÉCÈS PENDANT L'ANNÉE 1906 (POPULATION EUROPÉENNE) MILITAIRES NON COMPRIS

PROVINCES	HOMMES							FEMMES							TOTAUX GÉNÉRAUX
	0 à 1 an.	1 à 15 ans.	16 à 19 ans	20 à 39 ans.	40 à 59 ans.	Plus de 60 ans.	TOTAUX	0 à 1 an.	1 à 15 ans.	16 à 19 ans.	20 à 39 ans.	40 à 59 ans.	Plus de 60 ans.	TOTAUX	
Suarez … Commune	7	7	»	53	13	5	85	6	4	»	10	7	1	28	113
Province	»	1	»	5	1	»	7	»	»	»	2	»	»	2	9
TOTAL	7	8	»	58	14	5	92	6	4	»	12	7	1	30	122
ar	»	»	»	2	2	1	5	2	»	»	1	»	»	3	8
ulsotra	»	2	»	»	1	»	3	»	1	»	»	1	»	2	5
-Marie	1	»	»	»	»	»	1	»	»	»	»	»	»	»	1
ave … Commune	6	13	»	23	12	4	58	12	12	1	14	7	1	47	105
Province	»	»	»	»	2	»	2	1	»	»	»	»	»	1	3
TOTAL	6	13	»	23	14	4	60	13	12	1	14	7	1	48	108
rante	2	»	»	15	4	1	22	2	»	1	»	»	»	3	25
andry	2	»	»	7	1	»	10	1	1	»	3	»	1	6	16
jary	2	»	»	3	»	2	7	2		»	2	1	1	7	14
ngana	»	»	»	3	»	»	3	»	»	»	1	»	»	1	4
3é … Commune	»	»	»	1	2	2	5	»	»	»	2	2	»	4	9
Province	»	»	»	»	»	»	»	»	1	»	1	»	»	2	2
TOTAL	»	»	»	1	2	2	5	»	1	»	3	2	»	6	11
uva	»	1	»	»	1	»	2	1	»	»	»	»	»	1	3
ga … Commune	1	3	»	7	5	1	17	3	»	»	1	2	»	6	23
Province	»	»	»	2	1	»	3	3	»	»	»	»	»	3	6
TOTAL	1	3	»	9	6	1	20	6	»	»	1	2	»	9	29
rano	»	»	»	»	»	»	»	»	»	»	»	»	»	»	»
tanana	1	1	»	5	2	»	9	»	1	»	1	»	»	2	11
dava	2	»	»	2	»	»	4	»	»	»	»	»	»	»	4
	1	»	»	1	2	1	5	2	»	»	1	»	»	3	8
obe	»	»	»	1	»	»	1	1	»	»	»	»	»	1	2
	»	»	»	»	»	»	»	»	»	»	»	»	»	»	»
arive … Commune	4	»	1	21	5	»	31	4	1	1	3	1	2	12	43
Province	1	1	»	3	»	»	5	»	»	»	»	»	»	»	5
TOTAL	5	1	1	24	5	»	36	4	1	1	3	1	2	12	48
ankaratra	1	»	»	»	2	»	3	»	»	»	1	»	»	1	4
sitra	»	»	»	»	1	»	1	»	»	»	»	»	»	»	1
rantsoa … Commune	1	»	»	3	2	»	6	1	»	»	1	»	»	2	8
Province	»	»	»	»	»	»	»	»	1	»	1	»	»	2	2
TOTAL	1	»	»	3	2	»	6	1	1	»	2	»	»	4	10
ky	»	»	»	1	»	»	1	»	»	»	»	»	»	»	1
Dauphin	»	»	»	1	»	»	1	»	»	»	»	»	»	»	1
faly	»	»	»	1	»	»	1	»	»	»	»	»	»	»	1
TOTAUX	32	20	1	160	59	17	298	41	23	3	45	21	6	139	437

ÉTAT DES MARIAGES

N° 3 — ÉTAT INDIQUANT LE NOMBRE DES MARIAGES PENDANT L'ANNÉE 1906 (POPULATION EUROPÉENNE)

PROVINCES	Entre Européen et Européenne — Français — Âge du mari						Âge de la femme						Totaux	Étrangers — Âge du mari						Âge de la femme						Totaux	Entre Européen et métis — Totaux	Entre Européenne et métis — Totaux	Entre Européen et indigène — Totaux	Totaux généraux
Commune	»	1	11	6	2	»	7	4	4	4	1	»	20	»	»	»	»	»	»	»	»	»	»	»	»	»	»	»	»	20
Province	»	»	»	»	»	»	»	»	»	»	»	»	»	»	»	»	»	»	»	»	»	»	»	»	»	»	»	»	»	»
Total	»	1	11	6	2	»	7	4	4	4	1	»	20	»	»	»	»	»	»	»	»	»	»	»	»	»	»	»	»	20
	»	»	»	»	»	»	»	»	»	»	»	»	»	»	»	»	»	»	»	»	»	»	»	»	»	»	»	»	»	»
	»	»	»	»	1	»	1	»	»	»	»	»	1	»	»	»	»	»	»	»	»	»	»	»	»	»	»	»	»	1
	»	»	»	1	»	»	»	»	»	»	1	»	1	»	»	»	»	»	»	»	»	»	»	»	»	»	»	»	»	1
Commune	»	2	5	2	2	»	2	4	2	2	1	»	11	»	1	1	»	»	»	»	1	1	»	»	»	2	»	»	»	13
Province	»	»	»	»	»	»	»	»	»	»	»	»	»	»	»	»	»	»	»	»	»	»	»	»	»	»	»	»	»	»
Total	»	2	5	2	2	»	2	4	2	2	1	»	11	»	1	1	»	»	»	»	1	1	»	»	»	2	»	»	»	13
	»	»	1	»	»	»	1	»	»	»	»	»	1	»	»	»	»	»	»	»	»	»	»	»	»	»	[illegible]	[illegible]	[illegible]	1
	»	1	»	1	»	»	»	1	1	»	»	»	2	»	»	»	»	»	»	»	»	»	»	»	»	»	[illegible]	[illegible]	[illegible]	2
	»	»	»	»	»	»	»	»	»	»	»	»	»	»	1	»	»	»	»	1	»	»	»	»	»	1	[illegible]	[illegible]	[illegible]	2
	»	»	»	»	»	»	»	»	»	»	»	»	»	»	»	»	»	»	»	»	»	»	»	»	»	»	[illegible]	[illegible]	[illegible]	1
Commune	»	»	3	»	»	»	1	2	»	»	»	»	3	»	»	»	»	»	»	»	»	»	»	»	»	»	[illegible]	[illegible]	[illegible]	3
Province	»	»	»	»	»	»	»	»	»	»	»	»	»	»	»	»	»	»	»	»	»	»	»	»	»	»	[illegible]	[illegible]	[illegible]	»
Total	»	»	3	»	»	»	1	2	»	»	»	»	3	»	»	»	»	»	»	»	»	»	»	»	»	»	[illegible]	[illegible]	[illegible]	3
	»	»	1	1	»	»	»	»	1	1	»	»	2	»	»	»	»	»	»	»	»	»	»	»	»	»	[illegible]	[illegible]	[illegible]	3
Commune	»	1	1	2	2	»	2	2	1	1	»	»	6	»	»	»	1	»	»	1	»	»	»	»	»	1	[illegible]	[illegible]	[illegible]	7
Province	»	»	»	»	»	»	»	»	»	»	»	»	»	»	»	»	»	»	»	»	»	»	»	»	»	»	[illegible]	[illegible]	[illegible]	»
Total	»	1	1	2	2	»	2	2	1	1	»	»	6	»	»	»	1	»	»	1	»	»	»	»	»	1	[illegible]	[illegible]	[illegible]	7
	»	»	»	»	»	»	»	»	»	»	»	»	»	»	»	»	»	»	»	»	»	»	»	»	»	»	[illegible]	[illegible]	[illegible]	»
	»	»	»	»	»	»	»	»	»	»	»	»	»	»	»	»	»	»	»	»	»	»	»	»	»	»	[illegible]	[illegible]	[illegible]	»
	»	»	»	»	»	»	»	»	»	»	»	»	»	»	»	»	»	»	»	»	»	»	»	»	»	»	[illegible]	[illegible]	[illegible]	»
	»	»	2	1	»	»	2	»	»	1	»	»	3	»	»	»	1	»	»	»	»	»	1	»	»	1	[illegible]	[illegible]	[illegible]	4
	»	»	»	1	»	»	»	»	»	1	»	»	1	»	»	»	»	»	»	»	»	»	»	»	»	»	[illegible]	[illegible]	[illegible]	3
	»	»	»	»	»	»	»	»	»	»	»	»	»	»	»	»	»	»	»	»	»	»	»	»	»	»	[illegible]	[illegible]	[illegible]	»
Commune	»	»	1	2	1	»	1	1	»	1	1	»	4	»	»	»	1	»	»	»	»	»	1	»	»	1	[illegible]	[illegible]	1	6
Province	»	»	1	1	»	»	»	»	1	1	»	»	2	»	»	»	»	»	»	»	»	»	»	»	»	»	[illegible]	[illegible]	[illegible]	2
Total	»	»	2	3	1	»	1	1	1	2	1	»	6	»	»	»	1	»	»	»	»	»	1	»	»	1	[illegible]	[illegible]	1	8
	»	»	»	»	»	»	»	»	»	»	»	»	»	»	»	»	»	»	»	»	»	»	»	»	»	»	[illegible]	[illegible]	[illegible]	»
	»	»	»	1	»	»	»	»	»	1	»	»	1	»	»	»	»	»	»	»	»	»	»	»	»	»	[illegible]	[illegible]	[illegible]	1
Commune	»	»	1	1	»	»	1	»	»	1	»	»	2	»	»	»	»	»	»	»	»	»	»	»	»	»	[illegible]	[illegible]	[illegible]	2
Province	»	»	»	»	»	»	»	»	»	»	»	»	»	»	»	»	»	»	»	»	»	»	»	»	»	»	[illegible]	[illegible]	[illegible]	»
Total	»	»	1	1	»	»	1	»	»	1	»	»	2	»	»	»	»	»	»	»	»	»	»	»	»	»	[illegible]	[illegible]	[illegible]	2
	»	»	»	»	»	»	»	»	»	»	»	»	»	»	»	»	»	»	»	»	»	»	»	»	»	»	[illegible]	[illegible]	[illegible]	»
	»	»	»	3	»	»	»	2	1	»	»	»	3	»	»	»	1	»	»	1	»	»	»	»	»	1	[illegible]	[illegible]	[illegible]	4
	»	»	»	»	»	»	»	»	»	»	»	»	»	»	»	»	»	»	»	»	»	»	»	»	»	»	[illegible]	[illegible]	[illegible]	»
Totaux	»	5	27	23	8	»	18	16	11	14	4	»	63	»	2	1	4	»	»	3	1	1	2	»	»	7	2	1	1	74

N° 4 — ÉTAT GÉNÉRAL INDIQUANT LE NOMBRE DES DIVORCES PENDANT L'ANNÉE 1906
(POPULATION EUROPÉENNE)

DURÉE DU MARIAGE	AGE DU MARI						AGE DE LA FEMME						TOTAUX
	18 à 19 ans.	20 à 24 ans.	25 à 29 ans.	30 à 39 ans.	40 à 59 ans.	plus de 60 ans.	15 à 19 ans.	20 à 24 ans.	25 à 29 ans.	30 à 39 ans.	40 à 59 ans.	plus de 60 ans.	
Moins de 2 ans	»	»	»	»	»	»	»	»	»	»	»	»	»
— de 2 à 4 ans	»	»	»	»	»	»	»	»	»	»	»	»	»
— de 5 à 9 ans	»	»	»	»	»	»	»	»	»	»	»	»	»
— de 10 à 14 ans	»	»	»	»	»	»	»	»	»	»	»	»	»
— de 15 à 19 ans	»	»	»	»	1	»	»	»	1	»	»	»	1
— de 20 à 24 ans	»	»	»	»	»	»	»	»	»	»	»	»	»
— de 25 ans et au-dessus	»	»	»	»	»	»	»	»	»	»	»	»	»
TOTAUX	»	»	»	»	1	»	»	»	1	»	»	»	1

POPULATION INDIGÈNE

N° 5 — TABLEAU INDIQUANT LE NOMBRE DES NAISSANCES PENDANT L'ANNÉE 1906 (POPULATION INDIGÈNE)

PROVINCES		ANTAIFASY			ANTAIMORO			ANTAISAKA			ANTAIVONGO			ANTAMBAHOAKA			ANTANDROY			ANTANKARANA			ANTANOSY			BARA			BETSILEO			BETSIMISARAKA			BEZANOZANO			
		Garçons	Filles	Totaux	Garçons	Filles	Totaux	Garçons	Filles	Totaux	Garçons	Filles	Totaux	Garçons	Filles	Totaux	Garçons	Filles	Totaux	Garçons	Filles	Totaux	Garçons	Filles	Totaux	Garçons	Filles	Totaux	Garçons	Filles	Totaux	Garçons	Filles	Totaux	Garçons	Filles	Totaux	
Diégo-Suarez	Commune	»	»	»	5	5	10	»	»	»	»	»	»	»	»	»	»	»	»	6	3	9	»	»	»	»	»	»	11	12	23	10	8	18	»	»	»	
	Province	»	»	»	4	5	9	»	»	»	»	»	»	»	»	»	»	»	»	4	7	11	»	»	»	»	»	»	3	2	5	5	5	10	»	»	»	
	Total	»	»	»	9	10	19	»	»	»	»	»	»	»	»	»	»	»	»	10	10	20	»	»	»	»	»	»	14	14	28	15	13	28	»	»	»	
Vohémar		»	»	»	»	»	»	»	»	»	»	»	»	»	»	»	»	»	»	»	»	»	»	»	»	»	»	»	»	»	»	151	174	325	»	»	»	
Maroantsetra		»	»	»	1	2	3	»	»	»	»	»	»	»	»	»	»	»	»	»	»	»	»	»	»	»	»	»	»	»	»	167	209	376	»	»	»	
Sainte-Marie		»	»	»	»	»	»	»	»	»	»	»	»	»	»	»	»	»	»	»	»	»	»	»	»	»	»	»	»	»	»	»	»	»	»	»	»	
Tamatave	Commune	»	»	»	1	1	2	»	»	»	»	»	»	»	»	»	»	»	»	»	»	»	»	»	»	»	»	»	»	»	»	6	9	15	»	»	»	
	Province	»	»	»	»	»	»	»	»	»	»	»	»	»	»	»	»	»	»	»	»	»	»	»	»	»	»	»	»	»	»	633	711	1.344	»	»	»	
	Total	»	»	»	1	1	2	»	»	»	»	»	»	»	»	»	»	»	»	»	»	»	»	»	»	»	»	»	»	»	»	639	720	1.359	»	»	»	
Andevorante		»	»	»	»	»	»	»	»	»	»	»	»	»	»	»	»	»	»	»	»	»	»	»	»	»	»	»	»	»	»	382	276	658	217	282	520	
Vatomandry		»	»	»	2	6	8	»	»	»	»	»	»	»	»	»	»	»	»	»	»	»	»	»	»	»	»	»	»	»	»	978	980	1.958	»	»	»	
Mananjary		»	»	»	230	231	460	»	»	»	»	»	»	255	230	485	»	»	»	»	»	»	»	»	»	»	»	»	50	60	110	973	896	1.869	»	»	»	
Farafangana		»	»	»	436	484	920	2.121	2.101	4.222	»	»	»	»	»	»	280	255	535	»	»	»	»	»	»	»	»	»	»	»	»	»	»	»	»	»	»	
Nossi-Bé	Commune	»	»	»	»	»	»	»	»	»	»	»	»	»	»	»	»	»	»	»	»	»	»	»	»	»	»	»	»	»	»	»	»	»	»	»	»	
	Province	»	»	»	»	»	»	»	»	»	»	»	»	»	»	»	»	»	»	156	165	321	»	»	»	»	»	»	»	»	»	»	»	»	»	»	»	
	Total	»	»	»	»	»	»	»	»	»	»	»	»	»	»	»	»	»	»	156	165	321	»	»	»	»	»	»	»	»	»	»	»	»	»	»	»	
Analalava		»	»	»	»	»	»	»	»	»	»	»	»	»	»	»	»	»	»	»	»	»	»	»	»	»	»	»	»	»	»	77	62	139	»	»	»	
Majunga	Commune	»	»	»	»	»	»	»	»	»	»	»	»	»	»	»	»	»	»	»	»	»	»	»	»	»	»	»	12	9	21	»	»	»	»	»	»	
	Province	»	»	»	»	»	»	»	»	»	»	»	»	»	»	»	»	»	»	»	»	»	»	»	»	»	»	»	62	53	115	1	»	1	»	»	»	
	Total	»	»	»	»	»	»	»	»	»	»	»	»	»	»	»	»	»	»	»	»	»	»	»	»	»	»	»	74	62	136	1	»	1	»	»	»	
Maintirano		»	»	»	»	»	»	»	»	»	»	»	»	»	»	»	»	»	»	»	»	»	»	»	»	»	»	»	»	»	»	»	»	»	»	»	»	
Maevatanana		»	»	»	8	9	17	»	»	»	»	»	»	»	»	»	»	»	»	»	»	»	»	»	»	»	»	»	58	65	123	7	3	10	»	»	»	
Morondava		»	»	»	»	»	»	»	»	»	»	»	»	»	»	»	»	»	»	»	»	»	»	»	»	102	153	255	60	54	114	»	»	»	»	»	»	
Tuléar		»	»	»	13	15	28	»	»	»	»	»	»	»	»	»	»	»	»	»	»	»	269	305	574	798	855	1.653	21	23	44	»	»	»	»	»	»	
Ankazobe		»	»	»	»	»	»	»	»	»	»	»	»	»	»	»	»	»	»	»	»	»	»	»	»	»	»	»	10	7	17	1	2	3	326	333	659	20
Itasy		»	»	»	»	»	»	»	»	»	»	»	»	»	»	»	»	»	»	»	»	»	»	»	»	»	»	»	12	16	28	»	»	»	221	183	404	1.54
Tananarive	Commune	»	»	»	»	»	»	»	»	»	»	»	»	»	»	»	»	»	»	»	»	»	»	»	»	»	»	»	»	»	»	»	»	»	»	»	»	1.13
	Province	»	»	»	»	»	»	»	»	»	»	»	»	»	»	»	»	»	»	»	»	»	»	»	»	»	»	»	158	145	303	3	4	7	»	»	»	5.47
	Total	»	»	»	»	»	»	»	»	»	»	»	»	»	»	»	»	»	»	»	»	»	»	»	»	»	»	»	158	145	303	3	4	7	»	»	»	6.61
Vakinankaratra		»	»	»	»	»	»	»	»	»	»	»	»	»	»	»	»	»	»	»	»	»	»	»	»	»	»	»	3	2	5	»	»	»	»	»	»	2.05
Ambositra		»	»	»	»	»	»	»	»	»	»	»	»	»	»	»	»	»	»	»	»	»	»	»	»	»	1	1	1.499	1.331	2.830	»	»	»	»	»	»	13
Fianarantsoa	Commune	»	»	»	»	»	»	»	»	»	»	»	»	»	»	»	»	»	»	»	»	»	»	»	»	»	»	»	27	50	77	»	»	»	»	»	»	16
	Province	»	»	»	»	»	»	»	»	»	»	»	»	»	»	»	»	»	»	»	»	»	»	»	»	54	42	96	1.579	1.533	3.112	»	»	»	»	»	»	16
	Total	»	»	»	»	»	»	»	»	»	»	»	»	»	»	»	»	»	»	»	»	»	»	»	»	54	42	96	1.606	1.583	3.189	»	»	»	»	»	»	26
Betroka		»	»	»	»	»	»	225	260	485	»	»	»	»	»	»	»	»	»	»	»	»	»	»	»	608	745	1.353	»	»	»	»	»	»	»	»	»	14
Fort-Dauphin		»	»	»	»	»	»	»	»	»	»	»	»	»	»	»	»	»	»	»	»	»	»	»	»	»	»	»	»	»	»	»	»	»	»	»	»	
Mahafaly		»	»	»	»	»	»	»	»	»	»	»	»	»	»	»	»	»	»	»	»	»	»	»	»	»	»	»	»	»	»	»	»	»	»	»	»	
Totaux		»	»	»	699	759	1.457	2.346	2.364	4.710	»	»	»	255	230	485	280	255	535	166	175	341	269	305	574	1.562	1.700	[illegible]	3.574	3.352	6.926	3.394	3.339	6.733	704	797	1.501	11.67

N° 5 — TABLEAU INDIQUANT LE NOMBRE DES NAISSANCES PENDANT L'ANNÉE 1906 (POPULATION INDIGÈNE) (Suite et fin.)

PROVINCES	MAHAFALY			MAKOA			MÉTIS			SAINTE-MARIENNE			SAKALAVA		
	Garçons	Filles	Totaux	Garçons	Filles	Totaux	Garçons	Filles	Totaux	Garçons	Filles	Totaux	Garçons	Filles	Totaux
Commune	»	»	»	»	»	»	»	»	»	21	14	35	16	15	31
Province	»	»	»	3	1	4	»	»	»	4	1	5	8	8	16
Total	»	»	»	3	1	4	»	»	»	25	15	40	24	23	47
	»	»	»	8	12	20	20	20	40	»	»	»	43	37	80
	»	»	»	10	2	12	3	3	6	1	1	2	»	»	»
	»	»	»	»	»	»	»	1	1	103	86	189	»	»	»
Commune	»	»	»	»	»	»	2	4	6	2	3	5	»	»	»
Province	»	»	»	7	9	16	»	1	1	»	»	»	»	»	»
Total	»	»	»	7	9	16	2	5	7	2	3	5	»	»	»
	»	»	»	»	»	»	»	»	»	»	»	»	»	»	»
	»	»	»	»	»	»	2	1	3	»	»	»	»	»	»
	»	»	»	»	»	»	»	»	»	»	»	»	»	»	»
	»	»	»	»	»	»	2	2	4	»	»	»	»	»	»
Commune	»	»	»	9	9	18	1	1	2	»	»	»	30	24	54
Province	»	»	»	11	7	18	1	2	3	»	»	»	231	236	467
Total	»	»	»	20	16	36	2	3	5	»	»	»	261	260	521
	»	»	»	65	68	133	1	»	1	»	»	»	148	165	313
Commune	»	»	»	2	4	6	»	»	»	»	»	»	5	6	11
Province	»	»	»	24	26	50	»	»	»	»	»	»	232	215	447
Total	»	»	»	26	30	56	»	»	»	»	»	»	237	219	456
	»	»	»	116	148	264	»	»	»	»	»	»	84	89	173
	»	»	»	16	8	24	»	»	»	»	»	»	56	38	94
	»	»	»	233	300	533	2	2	4	»	»	»	309	323	632
	36	35	71	»	»	»	»	»	»	»	»	»	»	»	»
	»	»	»	3	1	4	»	2	2	»	»	»	9	9	18
	»	»	»	»	»	»	15	15	30	»	»	»	19	27	46
Commune	»	»	»	»	»	»	»	»	»	»	»	»	»	»	»
Province	»	»	»	4	7	11	3	6	9	»	»	»	»	»	»
Total	»	»	»	4	7	11	3	6	9	»	»	»	»	»	»
	»	»	»	»	»	»	»	1	1	»	»	»	»	»	»
	»	»	»	»	»	»	»	»	»	»	»	»	»	»	»
Commune	»	»	»	»	»	»	»	»	»	»	»	»	»	»	»
Province	»	»	»	»	»	»	»	»	»	»	»	»	»	»	»
Total	»	»	»	»	»	»	»	»	»	»	»	»	»	»	»
	»	»	»	»	»	»	»	»	»	»	»	»	»	»	»
	»	»	»	»	»	»	»	»	»	»	»	»	»	»	»
	372	468	840	»	»	»	»	»	»	»	»	»	»	»	»
Totaux	408	503	911	511	602	1.113	51	62	113	131	100	232	1.187	1.102	[illegible]

PROVINCES	SIHANAKA			TANALA			TSIMIHETY			VEZO			ZAFIMANIRY			DIVERS			TOTAUX GÉNÉRAUX		
	Garçons	Filles	Totaux	Garçons	Filles	Totaux	Garçons	Filles	Totaux	Garçons	Filles	Totaux	Garçons	Filles	Totaux	Garçons	Filles	Totaux	Garçons	Filles	Totaux
Commune	»	»	»	»	»	»	»	»	»	»	»	»	»	»	»	»	»	»	74	65	139
Province	»	»	»	»	»	»	1	5	6	»	»	»	»	»	»	»	»	»	38	38	76
Total	»	»	»	»	»	»	1	5	6	»	»	»	»	»	»	»	»	»	112	103	215
	»	»	»	»	»	»	94	90	184	»	»	»	»	»	»	»	»	»	341	359	700
	»	»	»	»	»	»	121	129	250	»	»	»	»	»	»	»	»	»	311	365	676
	»	»	»	»	»	»	»	»	»	»	»	»	»	»	»	»	»	»	103	87	190
Commune	»	»	»	»	»	»	»	»	»	»	»	»	»	»	»	»	»	»	29	31	60
Province	379	328	707	»	»	»	»	»	»	»	»	»	»	»	»	»	»	»	1.060	1.09[illegible]	2.109
Total	379	328	707	»	»	»	»	»	»	»	»	»	»	»	»	»	»	»	1.098	1.126	2.224
	»	»	»	»	»	»	»	»	»	»	»	»	»	»	»	18	9	27	711	637	1.348
	»	»	»	»	»	»	»	»	»	»	»	»	»	»	»	»	»	»	985	994	1.979
	»	»	»	1.705	1.591	3.296	»	»	»	»	»	»	»	»	»	»	»	»	3.287	3.102	6.389
	»	»	»	1.350	1.818	3.168	»	»	»	»	»	»	»	»	»	10	4	14	4.159	4.667	8.866
Commune	»	»	»	»	»	»	»	»	»	»	»	»	»	»	»	»	»	»	40	35	75
Province	»	»	»	»	»	»	31	45	76	»	»	»	»	»	»	»	»	»	433	457	890
Total	»	»	»	»	»	»	31	45	76	»	»	»	»	»	»	»	»	»	473	492	965
	17	14	31	»	»	»	226	236	462	»	»	»	»	»	»	»	»	»	591	588	1.179
Commune	»	»	»	»	»	»	»	»	»	»	»	»	»	»	»	2	4	6	29	30	59
Province	»	»	»	»	»	»	»	»	»	»	»	»	»	»	»	6	3	9	366	318	684
Total	»	»	»	»	»	»	»	»	»	»	»	»	»	»	»	8	7	15	395	348	743
	»	»	»	»	»	»	»	»	»	»	»	»	»	»	»	»	»	»	205	242	447
	17	16	33	»	»	»	»	»	»	»	»	»	»	»	»	»	»	»	255	249	504
	»	»	»	25	27	52	»	»	»	180	194	374	»	»	»	»	»	»	950	1.135	2.085
	»	»	»	45	37	82	»	»	»	327	426	753	»	»	»	»	»	»	1.512	1.700	3.212
	3	4	7	»	»	»	»	»	»	»	»	»	»	»	»	»	»	»	552	569	1.101
	»	»	»	»	»	»	»	»	»	»	»	»	»	»	»	»	»	»	1.808	1.712	3.520
Commune	»	»	»	»	»	»	»	»	»	»	»	»	»	»	»	»	»	»	1.138	1.244	2.382
Province	»	»	»	»	»	»	»	»	»	»	»	»	»	»	»	»	»	»	5.641	5.511	11.152
Total	»	»	»	»	»	»	»	»	»	»	»	»	»	»	»	»	»	»	6.779	6.755	13.534
	»	»	»	»	»	»	»	»	»	»	»	»	»	»	»	»	»	»	2.062	1.979	4.041
	»	»	»	26	30	56	»	»	»	»	»	»	24	24	48	»	»	»	1.685	1.549	3.234
Commune	»	»	»	»	»	»	»	»	»	»	»	»	»	»	»	»	»	»	128	109	237
Province	»	»	»	90	91	181	»	»	»	»	»	»	»	»	»	»	»	»	1.890	1.840	3.730
Total	»	»	»	90	91	181	»	»	»	»	»	»	»	»	»	»	»	»	2.018	1.929	3.947
	»	»	»	»	»	»	»	»	»	»	»	»	»	»	»	281	304	585	1.337	1.563	2.900
	»	»	»	»	»	»	»	»	»	»	»	»	»	»	»	»	»	»	»	»	»
	»	»	»	80	85	165	»	»	»	»	»	»	»	»	»	»	»	»	372	468	840
Totaux	410	362	772	3.321	3.698	7.019	472	505	977	507	620	1.127	24	24	48	317	324	641	32.150	32.697	64.847

N° 6 — ÉTAT INDIQUANT LE NOMBRE DES DÉCÈS PENDANT L'ANNÉE 1906 (POPULATION INDIGÈNE)

PROVINCES		Antaifasy				Antaimoro			
		Hommes	Femmes	Enfants moins de 15 ans	Total	Hommes	Femmes	Enfants moins de 15 ans	Total
Diégo-Suarez	Commune	»	»	»	»	6	5	4	15
	Province	»	»	»	»	8	2	1	11
	Total	»	»	»	»	14	6	5	25
Vohémar		»	»	»	»	»	»	»	»
Maroantsetra		»	»	»	»	»	»	»	»
Sainte-Marie		»	»	»	»	1	»	»	1
Tamatave	Commune	»	»	»	»	6	1	2	9
	Province	»	»	»	»	1	1	»	2
	Total	»	»	»	»	7	2	2	11
Andevorante		»	»	»	»	»	»	»	»
Vatomandry		»	»	»	»	1	2	4	7
Mananjary		»	»	»	»	402	541	860	1.099
Farafangana		»	»	»	»	315	312	526	1.152
Nossi-Bé	Commune	»	»	»	»	»	»	»	»
	Province	»	»	»	»	»	»	»	»
	Total	»	»	»	»	»	»	»	»
Analalava		»	»	»	»	»	»	»	»
Majunga	Commune	»	»	»	»	»	»	»	»
	Province	»	»	»	»	»	»	»	»
	Total	»	»	»	»	»	»	»	»
Maintirano		»	»	»	»	»	»	»	»
Mevatanana		»	»	»	»	30	16	12	67
Morondava		»	»	»	»	»	»	»	»
Tuléar		»	»	»	»	9	13	12	34
Ankazobe		»	»	»	»	»	»	»	»
Itasy		»	»	»	»	»	»	»	»
Tananarive	Commune	»	»	»	»	»	»	»	»
	Province	»	»	»	»	»	»	»	»
	Total	»	»	»	»	»	»	»	»
Vakinankaratra		»	»	»	»	»	»	»	»
Ambositra		»	»	»	»	»	»	»	»
Fianarantsoa	Commune	»	»	»	»	»	»	»	»
	Province	»	»	»	»	»	»	»	»
	Total	»	»	»	»	»	»	»	»
Betroka		»	»	»	»	»	»	»	»
Fort-Dauphin		»	»	»	»	»	»	»	»
Mahafaly		»	»	»	»	»	»	»	»
Totaux		»	»	»	»	787	802	1.407	2.996

PROVINCES		Antaisaka				Antaivondro				Antambahoaka		
		Hommes	Femmes	Enfants moins de 15 ans	Total	Hommes	Femmes	Enfants moins de 15 ans	Total	Hommes	Femmes	Enfants moins de 15 ans
Diégo-Suarez	Commune	»	»	»	»	»	»	»	»	»	»	»
	Province	»	»	»	»	»	»	»	»	»	»	»
	Total	»	»	»	»	»	»	»	»	»	»	»
Vohémar		»	»	»	»	»	»	»	»	»	»	»
Maroantsetra		»	»	»	»	»	»	»	»	»	»	»
Sainte-Marie		»	»	»	»	»	»	»	»	»	»	»
Tamatave	Commune	»	»	»	»	»	»	»	»	»	»	»
	Province	»	»	»	»	»	»	»	»	»	»	»
	Total	»	»	»	»	»	»	»	»	»	»	»
Andevorante		»	»	»	»	»	»	»	»	»	»	»
Vatomandry		»	»	»	»	»	»	»	»	»	»	»
Mananjary		»	»	»	»	»	»	»	»	»	»	»
Farafangana		1.906	1.760	415	[illegible]	»	»	»	»	»	»	»
Nossi-Bé	Commune	»	»	»	»	»	»	»	»	»	»	»
	Province	»	»	»	»	»	»	»	»	»	»	»
	Total	»	»	»	»	»	»	»	»	»	»	»
Analalava		»	»	»	»	»	»	»	»	»	»	»
Majunga	Commune	»	»	»	»	»	»	»	»	»	»	»
	Province	»	»	»	»	»	»	»	»	»	»	»
	Total	»	»	»	»	»	»	»	»	»	»	»
Maintirano		»	»	»	»	»	»	»	»	»	»	»
Mevatanana		»	»	»	»	»	»	»	»	»	»	»
Morondava		»	»	»	»	»	»	»	»	»	»	»
Tuléar		»	»	»	»	»	»	»	»	»	»	»
Ankazobe		»	»	»	»	»	»	»	»	»	»	»
Itasy		»	»	»	»	»	»	»	»	»	»	»
Tananarive	Commune	»	»	»	»	»	»	»	»	»	»	»
	Province	»	»	»	»	»	»	»	»	»	»	»
	Total	»	»	»	»	»	»	»	»	»	»	»
Vakinankaratra		»	»	»	»	»	»	»	»	»	»	»
Ambositra		»	»	»	»	»	»	»	»	»	»	»
Fianarantsoa	Commune	»	»	»	»	»	»	»	»	»	»	»
	Province	»	»	»	»	»	»	»	»	»	»	»
	Total	»	»	»	»	»	»	»	»	»	»	»
Betroka		245	280	320	837	»	»	»	»	»	»	»
Fort-Dauphin		»	»	»	»	»	»	»	»	»	»	»
Mahafaly		»	»	»	»	»	»	»	»	»	»	»
Totaux		2.127	2.090	735	3.982	»	»	»	»	»	»	»

N° 6. — ÉTAT INDIQUANT LE NOMBRE DES DÉCÈS PENDANT L'ANNÉE 1906 (POPULATION INDIGÈNE) (Suite.)

PROVINCES	ANTANDROY				ANTAKARANA				ANTANOSY				BARA				BETSILEO			
	HOMMES	FEMMES	ENFANTS moins de 15 ans	TOTAL	HOMMES	FEMMES	ENFANTS moins de 15 ans	TOTAL	HOMMES	FEMMES	ENFANTS moins de 15 ans	TOTAL	HOMMES	FEMMES	ENFANTS moins de 15 ans	TOTAL	HOMMES	FEMMES	ENFANTS moins de 15 ans	TOTAL
[illegible] Commune	»	»	»	»	5	3	1	9	»	»	»	»	»	»	»	»	10	2	13	25
Province	»	»	»	»	»	»	»	»	»	»	»	»	»	»	»	»	7	3	3	13
Total	»	»	»	»	5	3	1	9	»	»	»	»	»	»	»	»	17	5	16	38
[illegible]	»	»	»	»	»	»	»	»	»	»	»	»	»	»	»	»	»	»	»	»
[illegible]	»	»	»	»	»	»	»	»	»	»	»	»	»	»	»	»	»	»	»	»
[illegible]	»	»	»	»	»	»	»	»	»	»	»	»	1	»	»	1	5	»	»	5
[illegible] Commune	»	»	»	»	»	»	»	»	»	»	»	»	»	»	»	»	»	»	»	»
Province	»	»	»	»	»	»	»	»	»	»	»	»	»	»	»	»	»	»	»	»
Total	»	»	»	»	»	»	»	»	»	»	»	»	»	»	»	»	»	»	»	»
[illegible]	»	»	»	»	»	»	»	»	»	»	»	»	»	»	»	»	»	»	»	»
[illegible]	»	»	»	»	»	»	»	»	»	»	»	»	»	»	»	»	»	»	»	»
[illegible]	»	»	»	»	»	»	»	»	»	»	»	»	»	»	»	»	9	12	36	57
[illegible]	276	243	316	835	»	»	»	»	»	»	»	»	»	»	»	»	»	»	»	»
[illegible] Commune	»	»	»	»	30	54	21	105	»	»	»	»	»	»	»	»	»	»	»	»
Province	»	»	»	»	»	»	»	»	»	»	»	»	»	»	»	»	»	»	»	»
Total	»	»	»	»	30	54	21	105	»	»	»	»	»	»	»	»	»	»	»	»
[illegible]	»	»	»	»	»	»	»	»	»	»	»	»	»	»	»	»	»	»	»	»
[illegible] Commune	»	»	»	»	»	»	»	»	»	»	»	»	»	»	»	»	5	3	4	12
Province	»	»	»	»	»	»	»	»	»	»	»	»	»	»	»	»	50	32	20	102
Total	»	»	»	»	»	»	»	»	»	»	»	»	»	»	»	»	55	35	24	114
[illegible]	»	»	»	»	»	»	»	»	»	»	»	»	»	»	»	»	66	85	39	190
[illegible]	»	»	»	»	»	»	»	»	»	»	»	»	37	53	66	156	72	62	53	187
[illegible]	»	»	»	»	»	»	»	»	82	79	76	237	534	305	631	1.470	38	21	25	84
[illegible]	»	»	»	»	»	»	»	»	»	»	»	»	»	»	»	»	5	4	4	13
[illegible]	»	»	»	»	»	»	»	»	»	»	»	»	»	»	»	»	3	18	8	29
[illegible]	»	»	»	»	»	»	»	»	»	»	»	»	»	»	»	»	»	»	»	»
[illegible] Commune	»	»	»	»	»	»	»	»	»	»	»	»	»	»	»	»	231	390	188	809
Province	»	»	»	»	»	»	»	»	»	»	»	»	»	»	»	»	»	»	»	»
Total	»	»	»	»	»	»	»	»	»	»	»	»	»	»	»	»	231	390	188	809
[illegible]	»	»	»	»	»	»	»	»	»	»	»	»	»	»	»	»	2	3	6	11
[illegible]	»	»	»	»	»	»	»	»	»	»	»	»	»	2	2	4	802	830	1.141	2.773
[illegible] Commune	»	»	»	»	»	»	»	»	»	»	»	»	»	»	»	»	61	36	41	138
Province	»	»	»	»	»	»	»	»	»	»	»	»	16	18	12	46	1.298	1.078	1.128	3.504
Total	»	»	»	»	»	»	»	»	»	»	»	»	16	18	12	46	1.359	1.114	1.169	3.642
[illegible]	»	»	»	»	»	»	»	»	»	»	»	»	463	692	602	1.897	38	33	25	96
[illegible]	»	»	»	»	»	»	»	»	»	»	»	»	»	»	»	»	»	»	»	»
[illegible]	»	»	»	»	»	»	»	»	»	»	»	»	»	»	»	»	»	»	»	»
Totaux	276	243	316	835	35	57	22	114	82	79	76	237	1.051	1.070	1.403	3.524	2.702	2.593	2.713	8.008

N° 6 — ÉTAT INDIQUANT LE NOMBRE DES DÉCÈS PENDANT L'ANNÉE 1906 (POPULATION INDIGÈNE) (Suite.)

PROVINCES	BETSIMISARAKA				BEZANOZANO				HOVA				MAHAFALY				MAKOA		
	HOMMES	FEMMES	ENFANTS au-dessous de 15 ans	TOTAL	HOMMES	FEMMES	ENFANTS au-dessous de 15 ans	TOTAL	HOMMES	FEMMES	ENFANTS au-dessous de 15 ans	TOTAL	HOMMES	FEMMES	ENFANTS au-dessous de 15 ans	TOTAL	HOMMES	FEMMES	ENFANTS au-dessous de 15 ans
Diégo-Suarez — Commune	7	3	3	13	»	»	»	»	4	2	6	12	»	»	»	»	»	»	»
Diégo-Suarez — Province	15	6	3	24	»	»	»	»	16	3	2	21	»	»	»	»	4	1	»
Total	22	9	6	37	»	»	»	»	20	5	8	33	»	»	»	»	4	1	»
Vohémar	80	65	33	178	»	»	»	»	28	12	18	58	»	»	»	»	6	3	4
Maroantsetra	70	23	58	161	»	»	»	»	18	8	5	31	»	»	»	»	4	1	2
Sainte-Marie	4	»	»	4	»	»	»	»	2	»	»	2	»	»	»	»	»	»	»
Tamatave — Commune	14	10	7	31	»	»	»	»	19	17	13	49	»	»	»	»	»	»	»
Tamatave — Province	588	363	335	1 320	»	»	»	»	65	37	30	132	»	»	»	»	6	2	»
Total	602	308	451	1 351	»	»	»	»	84	54	55	184	»	»	»	»	6	2	»
Andevorante	506	236	72	874	80	103	108	292	73	40	44	155	»	»	»	»	»	»	»
Vatomandry	723	376	401	1.500	»	»	»	»	5	3	1	9	»	»	»	»	»	»	»
Mananjary	154	144	123	421	»	»	»	»	6	4	5	15	»	»	»	»	»	»	»
Farafangana	»	»	»	»	»	»	»	»	»	»	»	»	»	»	»	»	»	»	»
Nossi-Bé — Commune	»	»	»	»	»	»	»	»	13	1	»	14	»	»	»	»	16	6	»
Nossi-Bé — Province	»	»	»	»	»	»	»	»	2	1	»	3	»	»	»	»	3	2	2
Total	»	»	»	»	»	»	»	»	15	2	»	17	»	»	»	»	19	8	2
Analalava	20	14	28	62	»	»	»	»	23	10	13	54	»	»	»	»	30	16	38
Majunga — Commune	»	»	»	»	»	»	»	»	»	»	»	»	»	»	»	»	3	2	1
Majunga — Province	»	»	»	»	»	»	»	»	32	18	11	61	»	»	»	»	25	15	14
Total	»	»	»	»	»	»	»	»	32	18	11	61	»	»	»	»	28	17	15
Maintirano	»	»	»	»	»	»	»	»	3	3	1	7	»	»	»	»	145	181	33
Maevatanana	»	»	»	»	»	»	»	»	95	119	57	271	»	»	»	»	»	»	»
Morondava	»	»	»	»	»	»	»	»	36	38	32	106	»	»	»	»	43	30	50
Tuléar	»	»	»	»	»	»	»	»	2	1	2	5	46	17	19	52	»	»	»
[illegible]	2	3	1	6	195	279	274	757	171	200	194	574	»	»	»	»	»	2	2
Itasy	»	»	»	»	85	100	125	300	1.162	1.134	1 065	3.361	»	»	»	»	»	»	»
Tananarive — Commune	»	»	»	»	»	»	»	»	690	1.394	2.140	4.224	»	»	»	»	»	»	»
Tananarive — Province	8	21	10	39	»	»	»	»	5.871	8.301	6.010	20.082	»	»	»	»	3	2	5
Total	8	21	10	39	»	»	»	»	6.561	9.695	8.750	25.306	»	»	»	»	3	2	5
Vakinankaratra	»	»	»	»	»	»	»	»	1.016	1.092	963	3.071	»	»	»	»	»	»	»
Ambositra	»	»	»	»	»	»	»	»	46	35	61	142	»	»	»	»	»	»	»
Fianarantsoa — Commune	»	»	»	»	»	»	»	»	50	35	54	139	»	»	»	»	»	»	»
Fianarantsoa — Province	»	»	»	»	»	»	»	»	100	76	68	244	»	»	»	»	»	»	»
Total	»	»	»	»	»	»	»	»	150	111	122	383	»	»	»	»	»	»	»
Betroka	»	»	»	»	»	»	»	»	»	»	»	»	»	»	»	»	»	»	»
Fort-Dauphin	»	»	»	»	»	»	»	»	»	»	»	»	»	»	»	»	»	»	»
Mahafaly	»	»	»	»	»	»	»	»	»	»	»	»	170	220	402	798	»	»	»
Totaux	2.251	1.299	1.273	5.823	365	485	501	1.348	9.541	12.704	11.388	33.723	192	237	421	850	336	235	100

N° 6 — ÉTAT INDIQUANT LE NOMBRE DES DÉCÈS PENDANT L'ANNÉE 1906 (POPULATION INDIGÈNE) (Suite.)

PROVINCES	MÉCIN				SAINTES-MARIENS				SAKALAVA				SIHANAKA				TANALA			
	HOMMES	FEMMES	ENFANTS au-dessous de 15 ans	TOTAL	HOMMES	FEMMES	ENFANTS au-dessous de 15 ans	TOTAL	HOMMES	FEMMES	ENFANTS au-dessous de 15 ans	TOTAL	HOMMES	FEMMES	ENFANTS au-dessous de 15 ans	TOTAL	HOMMES	FEMMES	ENFANTS au-dessous de 15 ans	TOTAL
Commune	»	»	»	»	9	8	11	28	10	5	11	26	»	»	»	»	»	»	»	»
Province	»	»	»	»	2	2	1	5	6	1	»	7	»	»	»	»	»	»	»	»
Total	»	»	»	»	11	10	12	33	16	6	11	33	»	»	»	»	»	»	»	»
	8	10	3	21	»	»	»	»	26	18	18	62	»	»	»	»	»	»	»	»
	»	1	»	1	»	»	»	»	»	»	»	»	»	»	»	»	»	»	»	»
	»	»	»	»	33	18	38	89	6	»	»	6	»	»	»	»	»	»	»	»
Commune	»	1	2	3	1	1	»	2	»	»	»	»	»	»	»	»	»	»	»	»
Province	»	»	»	»	»	»	»	»	»	»	»	»	127	128	218	473	»	»	»	»
Total	»	1	2	3	1	1	»	2	»	»	»	»	127	128	218	473	»	»	»	»
	»	»	»	»	»	»	»	»	»	»	»	»	»	»	»	»	»	»	»	»
	»	»	»	»	»	»	»	»	»	»	»	»	»	»	»	»	»	»	»	»
	»	»	»	»	»	»	»	»	»	»	»	»	»	»	»	»	428	497	948	1.683
	»	»	»	»	»	»	»	»	»	»	»	»	»	»	»	»	705	728	109	2.542
Commune	»	»	1	1	»	»	»	»	26	27	22	75	»	»	»	»	»	»	»	»
Province	»	»	»	»	»	»	»	»	99	85	22	206	»	»	»	»	»	»	»	»
Total	»	»	1	1	»	»	»	»	125	112	44	281	»	»	»	»	»	»	»	»
	»	»	»	»	»	»	»	»	80	55	108	251	8	3	13	24	»	»	»	»
Commune	»	»	»	»	»	»	»	»	7	4	3	14	»	»	»	»	»	»	»	»
Province	»	»	»	»	»	»	»	»	203	136	28	367	»	»	»	»	»	»	»	»
Total	»	»	»	»	»	»	»	»	210	140	31	381	»	»	»	»	»	»	»	»
	»	»	»	»	»	»	»	»	99	94	20	213	»	»	»	»	»	»	»	»
	»	»	»	»	»	»	»	»	67	48	37	152	9	10	8	27	»	»	»	»
	»	»	»	»	»	»	»	»	246	214	222	682	»	»	»	»	8	13	9	30
	»	»	»	»	»	»	»	»	»	»	»	»	»	»	»	»	19	17	15	51
	»	»	1	1	»	»	»	»	9	7	7	23	1	1	2	4	»	»	»	»
	8	43	14	65	»	»	»	»	14	41	26	81	»	»	»	»	»	»	»	»
Commune	»	»	»	»	»	»	»	»	»	»	»	»	»	»	»	»	»	»	»	»
Province	»	»	4	4	»	»	»	»	»	»	»	»	»	»	»	»	»	»	»	»
Total	»	»	4	4	»	»	»	»	»	»	»	»	»	»	»	»	»	»	»	»
	»	»	»	»	»	»	»	»	»	»	»	»	»	»	»	»	»	»	»	»
	»	»	»	»	»	»	»	»	»	»	»	»	»	»	»	»	33	41	30	104
Commune	»	»	»	»	»	»	»	»	»	»	»	»	»	»	»	»	6	»	1	7
Province	»	»	»	»	»	»	»	»	»	»	»	»	»	»	»	»	68	57	107	232
Total	»	»	»	»	»	»	»	»	»	»	»	»	»	»	»	»	74	57	108	239
	»	»	»	»	»	»	»	»	»	»	»	»	»	»	»	»	»	»	»	»
	»	»	»	»	»	»	»	»	»	»	»	»	»	»	»	»	»	»	»	»
	»	»	»	»	»	»	»	»	»	»	»	»	»	»	»	»	»	»	»	»
Totaux	16	55	25	96	45	29	50	124	907	734	524	2.165	145	142	243	530	1.280	1.262	2.014	4.565

N° 6 — ÉTAT INDIQUANT LE NOMBRE DES DÉCÈS PENDANT L'ANNÉE 1906 (POPULATION INDIGÈNE) (Suite et fin.)

PROVINCES		TSINIBETY				VERO				KATIMANIBY				DIVERS				TOTAUX GÉNÉRAUX		
		HOMMES	FEMMES	ENFANTS moins de 15 ans.	TOTAL	HOMMES	FEMMES	ENFANTS moins de 15 ans.	TOTAL	HOMMES	FEMMES	ENFANTS moins de 15 ans.	TOTAL	HOMMES	FEMMES	ENFANTS moins de 15 ans.	TOTAL	HOMMES	FEMMES	ENFANTS moins de 15 ans.
Diégo-Suarez	Commune	»	»	»	»	»	»	»	»	»	»	»	»	»	»	»	»	40	25	48
	Province	5	1	»	6	»	»	»	»	»	»	»	»	»	»	»	»	66	32	11
Total		5	1	»	6	»	»	»	»	»	»	»	»	»	»	»	»	114	66	59
Vohémar		30	14	21	65	»	»	»	»	»	»	»	»	»	»	»	»	176	124	87
Maroantsetra		33	20	40	93	»	»	»	»	»	»	»	»	»	»	»	»	153	58	103
Sainte-Marie		»	»	»	»	»	»	»	»	»	»	»	»	»	»	»	»	52	19	38
Tamatave	Commune	»	»	»	»	»	»	»	»	»	»	»	»	»	»	»	»	39	30	25
	Province	»	»	»	»	»	»	»	»	»	»	»	»	»	»	»	»	287	336	602
Total		»	»	»	»	»	»	»	»	»	»	»	»	»	»	»	»	826	580	317
Andevorante		»	»	»	»	»	»	»	»	»	»	»	»	21	12	6	39	745	301	225
Vatomandry		»	»	»	»	»	»	»	»	»	»	»	»	»	»	»	»	729	381	406
Mananjary		»	»	»	»	»	»	»	»	»	»	»	»	»	»	»	»	999	1.018	1.848
Farafangana		»	»	»	»	»	»	»	»	»	»	»	»	10	5	17	32	3.295	3.068	2.332
Nossi-Bé	Commune	»	»	»	»	»	»	»	»	»	»	»	»	»	»	»	»	55	34	23
	Province	6	10	4	20	»	»	»	»	»	»	»	»	»	»	»	»	150	142	49
Total		6	10	4	20	»	»	»	»	»	»	»	»	»	»	»	»	205	176	72
Analalava		85	43	117	245	»	»	»	»	»	»	»	»	»	»	»	»	283	156	321
Majunga	Commune	»	»	»	»	»	»	»	»	»	»	»	»	8	2	4	14	23	11	12
	Province	»	»	»	»	»	»	»	»	»	»	»	»	8	2	2	12	318	203	75
Total		»	»	»	»	»	»	»	»	»	»	»	»	16	4	6	26	341	214	87
Maintirano		»	»	»	»	»	»	»	»	»	»	»	»	»	»	»	»	287	228	34
Maevatanana		»	»	»	»	»	»	»	»	»	»	»	»	»	»	»	»	276	278	153
Moramanga		»	»	»	»	37	60	78	175	»	»	»	»	»	»	»	»	470	450	300
Tuléar		»	»	»	»	213	176	128	517	»	»	»	»	»	»	»	»	843	600	908
Ankazobe		»	»	»	»	»	»	»	»	»	»	»	»	»	»	»	»	382	500	485
Itasy		»	»	»	»	»	»	»	»	»	»	»	»	»	»	»	»	1.272	1.830	1.237
Tananarive	Commune	»	»	»	»	»	»	»	»	»	»	»	»	»	»	»	»	690	1.394	2.150
	Province	»	»	»	»	»	»	»	»	»	»	»	»	»	»	»	»	6.113	8.914	6.817
Total		»	»	»	»	»	»	»	»	»	»	»	»	»	»	»	»	6.803	10.308	8.957
Vakinankaratra		»	»	»	»	»	»	»	»	»	»	»	»	»	»	»	»	1.018	1.095	909
Ambositra		»	»	»	»	»	»	»	»	27	12	23	62	»	»	»	»	930	910	1.263
Fianarantsoa	Commune	»	»	»	»	»	»	»	»	»	»	»	»	»	»	»	»	117	71	96
	Province	»	»	»	»	»	»	»	»	»	»	»	»	»	»	»	»	1.483	1.229	1.315
Total		»	»	»	»	»	»	»	»	»	»	»	»	»	»	»	»	1.599	1.300	1.411
Betroky		»	»	»	»	»	»	»	»	»	»	»	»	216	250	380	846	1.074	1.190	1.416
Fort-Dauphin		»	»	»	»	»	»	»	»	»	»	»	»	»	»	»	»	»	»	»
Mahafaly		»	»	»	»	»	»	»	»	»	»	»	»	»	»	»	»	170	230	402
Totaux		104	88	182	434	250	230	206	692	27	12	23	62	283	261	409	953	22.940	24.760	25.151

POPULATION TOTALE

N° 7 — ÉTAT GÉNÉRAL DE LA POPULATION DE MADAGASCAR AU 1er JANVIER 1907, MILITAIRES NON CON

NATIONALITÉS			HOMMES	FEMMES	ENFANTS GARÇONS	ENFANTS FILLES	TOTAUX PARTIELS	TOTAUX GÉNÉRAUX			
Français nés en France		Fonctionnaires non militaires	760	45	»	»	805				
		Non fonctionnaires	1.470	(1) 498	(1) 189	(1) 204	(1) 2.361		3.166		
Français nés aux colonies.	A la Réunion	Fonctionnaires non militaires	127	19	»	»	146				
		Non fonctionnaires	1.658	(2) 1.056	(2) 581	(2) 534	(2) 3.829	3.975	7.606		
	A Madagascar	Fonctionnaires non militaires	4	»	»	»	4				
		Non fonctionnaires	32	(3) 16	(3) 164	(3) 177	(3) 389	493	4.440		
	Autres	Fonctionnaires non militaires	10	»	»	»	10				
		Non fonctionnaires	25	(4) 16	(4) 11	(4) 10	62	72			
Étrangers européens ou d'origine européenne.	Anglais	Mauriciens	524	258	129	130	1.041				
		Autres	120	54	20	20	214	1.255		9.694	
	Allemands		54	3	1	3	61	61			
	Grecs		262	7	9	8	286	286			
	Italiens		140	13	4	5	162	162			
	Belges		14	»	»	»	14	14			
	Suisses		21	9	5	4	39	39	2.088		
	Espagnols		5	»	»	»	5	5			
	Norvégiens, Suédois		46	45	25	25	141	141			
	Turcs		51	5	6	6	68	68			
	Américains	Des États-Unis	10	0	1	1	18				
		Autres	2	»	»	»	2	20			2.700
	Autres nationalités		31	2	1	3	37	37			
Asiatiques	Hindous	Français	17	6	»	1	24				
		Anglais	1.616	558	488	449	3.111	3.135			
	Chinois		453	4	2	4	463	463	3.602		
	Autres		4	»	»	»	4	4			
Africains	Somalis		179	21	12	20	232	232		5.580	
	Comoriens		912	220	141	198	1.471	1.471	1.078		
	Autres		215	29	14	17	275	275			
Malgaches	Fonctionnaires et non fonctionnaires		770.340	867.298	531.376	521.367	2.690.381	2.690.381			
	Métis (fonctionnaires et non fonctionnaires)		100	60	429	417	1.006	1.006	2.691.387		
Totaux			779.202	870.248	533.608	523.603	2.706.661				

(1) Dont 119 femmes, 42 garçons et 50 filles de fonctionnaires ou agents administratifs.
(2) Dont 57 femmes, 32 garçons et 47 filles de fonctionnaires ou agents administratifs.
(3) Dont 1 femme, 12 garçons et 13 filles de fonctionnaires ou agents administratifs.
(4) Dont 2 femmes, 3 garçons et 2 filles de fonctionnaires ou agents administratifs.

N° 8 — ÉTAT PAR PROVINCES ET PAR NATIONALITÉS

DE LA POPULATION DE MADAGASCAR AU 1ER JANVIER 1907, MILITAIRES NON COMPRIS

PROVINCES	FRANÇAIS	ÉTRANGERS européens ou d'origine européenne	ASIATIQUES			AFRICAINS	MALGACHES	MÉTIS	TOTAUX PAR PROVINCE
			HINDOUS	CHINOIS	AUTRES				
Diégo-Suarez	1.527	231	197	134	»	521	15.251	10	17.871
Vohémar	114	37	119	10	»	90	40.971	»	41.341
Betsimisaraka du Nord	75	54	13	»	»	»	22.335	23	22.500
Sainte-Marie	60	4	9	»	»	»	5.650	47	5.770
Betsimisaraka du Centre	106	60	9	12	»	4	81.555	19	81.765
Tamatave-Ville	1.719	465	155	77	»	69	4.486	55	7.026
Fetraomby	261	67	26	79	4	75	17.776	53	18.341
Beforona	18	2	»	5	»	6	8.775	»	8.806
Betanimena	133	38	20	30	»	15	25.078	20	25.334
Betsimisaraka du Sud	146	100	13	25	»	5	100.942	41	101.272
Mananjary	210	109	20	23	»	1	70.365	»	70.728
Farafangana	62	33	5	1	»	»	306.520	17	306.638
Nossi-Bé	206	26	536	10	»	698	48.085	»	49.651
Analalava	57	23	149	»	»	66	41.970	21	42.286
Majunga	897	131	1.030	14	»	173	52.202	9	54.456
Maintirano	17	12	38	»	»	19	29.416	6	29.508
Maevatanana	67	42	225	»	»	86	47.297	12	47.729
Morondava	31	42	219	»	»	96	71.684	58	72.130
Tuléar	149	39	272	1	»	12	134.532	»	135.005
Mandritsara	14	»	11	»	»	»	27.964	6	27.995
Angavo-Mangoro	186	61	3	15	»	36	140.975	85	141.361
Imerina-Nord	32	6	»	»	»	»	41.675	5	41.718
Itasy	77	18	1	»	»	»	126.300	13	126.409
Imerina-Centrale	105	35	»	»	»	»	359.328	43	359.511
Tananarive-Ville	721	200	14	4	»	»	61.723	386	63.048
Vakinankaratra	91	57	»	»	»	1	147.497	»	147.646
Ambositra	129	36	»	2	»	»	149.950	4	150.121
Fianarantsoa	176	85	7	13	»	1	292.951	47	293.280
Fort-Dauphin	122	64	27	8	»	2	178.134	18	178.375
Mahafaly	8	11	17	»	»	2	38.994	8	39.040
TOTAUX	7.606	2.088	3.135	463	4	1.978	2.690.381	1.006	2.706.661

II

PROFESSIONS

N° 9 — STATISTIQUES PAR PROFESSIONS DE LA POPULATION EUROPÉENNE AU 1er JANVIER 1907

Provinces	Agents de Cie de navigation	Agents d'affaires	Agents d'assurances	Agriculteurs, cultivateurs	Architectes et ingénieurs	Armateurs	Avocats	[illegible]	Banquiers	Blanchisseurs	Bouchers	Boulangers, pâtissiers	[illegible]	[illegible]	Capitaines ou patrons de navires	Charretiers	Charpentiers, menuisiers, charrons	Charbonniers	Cochers	Coiffeurs	Commerçants divers	Commissaires-priseurs	[illegible]	Constructeurs de navires	Cordonniers	Cuisiniers	Dessinateurs	Distillateurs
{ Commune	»	»	»	13	»	»	»	»	»	»	»	»	»	1	»	»	»	»	»	»	»	»	»	»	»	»	»	»
{ Province	3	2	»	63	1	»	»	»	»	26	7	9	»	1	»	2	57	8	»	2	54	»	1	1	10	5	1	»
Total	3	2	»	76	1	»	»	»	»	26	7	9	»	2	»	2	57	8	»	2	54	»	1	1	10	5	1	»
…	»	»	»	27	»	»	»	»	»	1	»	2	»	2	»	»	17	»	»	»	47	»	»	»	»	5	»	»
…	»	2	»	8	»	»	»	»	»	»	»	»	»	»	»	»	4	»	»	»	7	»	»	1	»	»	»	»
…	»	»	»	5	»	1	»	»	»	»	»	3	»	1	»	»	1	»	»	»	4	»	»	»	1	»	»	»
{ Commune	35	2	»	9	1	»	»	5	7	60	16	22	»	3	2	12	134	6	2	10	115	1	5	6	17	63	6	»
{ Province	»	»	»	39	»	»	»	»	»	»	»	»	»	5	»	»	3	»	»	»	18	»	»	»	»	»	»	»
Total	35	2	»	48	1	»	»	5	7	60	16	22	»	8	2	12	137	6	2	10	133	1	5	6	17	63	6	»
…	»	1	»	75	»	»	»	»	»	2	»	5	»	»	»	3	28	»	»	»	27	1	4	»	10	»	1	»
…	»	»	»	30	»	»	»	»	»	»	»	1	»	»	»	»	6	»	»	»	18	»	»	»	1	»	1	»
…	»	»	»	19	1	»	»	»	2	»	»	1	1	»	»	»	13	»	»	»	6	1	»	1	»	2	»	»
…	»	»	»	4	»	»	»	»	»	»	»	»	»	»	»	»	2	»	»	»	5	»	»	»	»	»	»	»
{ Commune	»	2	»	26	»	»	»	»	»	»	»	3	»	2	»	»	4	»	»	»	2	»	3	»	1	»	»	1
{ Province	1	»	»	21	»	»	»	»	»	»	»	»	»	4	»	»	1	»	»	»	2	»	»	»	»	»	»	»
Total	1	2	»	47	»	»	»	»	»	»	»	3	»	6	»	»	5	»	»	»	4	»	3	»	1	»	»	1
…	»	»	»	20	»	»	»	»	»	»	»	»	»	2	»	»	1	»	»	»	10	»	»	»	»	»	»	»
{ Commune	6	3	»	12	»	»	»	4	6	»	4	5	»	»	1	1	25	1	»	2	36	1	3	»	3	6	1	»
{ Province	»	»	»	10	»	3	»	»	»	1	1	2	»	14	»	»	8	»	»	»	37	»	1	»	»	»	»	»
Total	6	3	»	22	»	»	»	4	6	1	5	7	»	14	1	1	33	1	»	2	73	1	4	»	3	6	1	»
…	»	»	»	»	»	»	»	»	»	»	»	»	»	»	»	»	»	»	»	»	6	»	»	»	»	»	»	»
…	»	1	»	1	»	»	»	»	»	»	»	3	»	26	»	»	1	»	»	»	»	»	»	»	»	»	»	»
…	2	1	»	1	»	»	»	»	»	»	»	3	»	4	»	»	2	»	»	»	9	»	»	»	»	»	»	»
…	»	1	»	15	»	2	»	»	2	»	1	»	»	1	1	»	15	»	»	»	23	»	1	2	»	»	»	»
…	»	»	»	4	»	»	»	»	»	»	»	»	»	1	»	»	»	»	»	»	1	»	1	»	»	»	»	»
…	»	»	»	2	»	»	»	»	»	»	»	»	»	»	»	»	»	»	»	»	1	»	»	»	»	»	»	»
{ Commune	»	2	»	10	4	»	8	»	»	»	2	2	»	4	»	5	8	»	2	5	73	1	2	»	5	»	1	2
{ Province	»	2	»	51	4	»	»	»	»	»	1	1	»	8	»	4	»	»	3	3	62	»	»	»	»	»	»	1
Total	»	4	»	61	8	»	8	»	»	»	3	3	»	12	»	9	8	»	5	8	135	1	2	»	5	»	1	3
…	»	2	»	6	2	»	»	»	»	»	»	»	»	»	»	»	»	»	»	»	5	»	»	»	»	»	»	»
…	»	»	»	2	4	»	»	»	»	»	»	»	»	2	»	»	»	»	»	»	3	»	»	»	»	»	»	»
{ Commune	»	»	»	3	»	»	»	1	»	»	»	1	»	»	»	»	»	»	»	»	2	»	»	»	»	»	»	»
{ Province	»	»	»	3	»	»	»	»	»	»	»	»	1	»	»	»	»	»	»	»	2	»	»	»	»	»	»	»
Total	»	»	»	6	»	»	»	1	»	»	»	1	1	»	»	»	»	»	»	»	4	»	»	»	»	»	»	»
…	»	»	»	1	»	»	»	»	»	»	»	»	»	»	»	»	»	»	»	»	1	»	»	»	»	»	»	»
…	»	»	»	2	»	»	»	»	»	»	»	»	»	»	1	»	1	»	»	»	14	»	»	»	»	»	»	»
…	»	»	»	»	»	3	»	»	»	»	»	»	»	»	»	»	»	»	»	»	9	»	»	»	»	»	»	»
Totaux	47	21	»	481	18	3	8	10	17	90	32	61	1	82	5	24	350	11	4	22	807	5	11	11	68	64	11	4

Provinces	Ébénistes	Éleveurs	Employés de commerce	Entrepreneurs de constructions	Entrepreneurs de transports	Épiciers	Exploitants forestiers	Exploitants des mines, prospecteurs	Fabricants de [illegible]	Fabricants d'eaux gazeuses	Fabricants de glace	Fabricants de tabac, cigares et cigarettes	Ferblantiers, forgerons, serruriers, mécaniciens	Horlogers, bijoutiers	Hôteliers, restaurateurs, aubergistes	Imprimeurs, relieurs, typographes, libraires	Journaliers	Journalistes	Maçons et tailleurs de pierres	Manœuvres	Marchands ambulants	Marchands de bestiaux	Marchands de bois	Marchands de charbon	Médecins civils	Missionnaires	Pêcheurs	Peintres et vitriers	Pharmaciens	Photographes	Préparateurs de vanille	Professeurs et instituteurs libres	[illegible]	Tailleurs, couturières et modistes	Tanneurs	Teinturiers
{ Commune	»	1	»	»	»	1	»	»	»	»	»	»	»	»	1	»	1	»	»	»	»	»	»	»	»	»	»	»	»	3	»	»	»	»	»	»
{ Province	»	»	52	8	6	»	»	5	»	»	»	»	53	2	3	2	1	»	55	»	»	»	»	»	»	»	10	2	2	»	»	»	»	41	»	»
Total	»	1	52	8	6	1	»	5	»	»	»	»	53	2	4	2	1	»	55	»	»	»	»	»	»	»	10	3	2	»	»	»	»	41	»	»
…	1	1	43	»	»	»	8	1	»	»	»	»	»	1	»	»	5	»	»	»	»	»	»	»	»	2	»	2	»	»	15	»	»	5	»	»
…	»	»	8	»	»	»	8	»	»	»	»	»	1	»	»	»	»	»	»	»	»	»	18	»	»	»	»	»	»	»	15	»	»	»	»	»
…	»	»	2	»	»	»	»	»	»	»	»	»	»	»	»	»	»	»	»	»	»	»	»	»	»	5	»	»	»	»	9	»	»	»	»	»
{ Commune	6	»	211	10	7	3	»	7	»	4	»	»	86	9	6	14	6	3	26	8	5	»	»	»	2	29	41	20	4	»	1	2	»	120	»	»
{ Province	»	2	22	»	»	2	1	14	»	»	»	»	»	»	»	»	»	»	1	11	»	»	»	»	»	2	»	»	»	»	»	1	2	»	»	»
Total	6	2	233	10	7	5	1	21	»	4	»	5	86	9	6	14	6	3	29	19	5	»	»	»	2	31	41	20	4	»	1	3	2	120	»	»
…	»	»	21	2	26	»	2	21	»	1	»	»	23	4	14	»	1	»	9	1	»	»	6	1	»	2	»	1	»	»	»	»	»	5	»	»
…	»	»	10	»	»	»	»	23	»	»	»	»	5	»	»	»	»	»	»	3	»	»	»	»	»	»	»	1	»	»	1	»	1	1	»	»
…	»	»	20	1	»	»	1	53	»	1	»	»	21	»	1	»	»	»	»	»	»	»	»	»	»	6	»	»	1	»	»	»	3	»	»	»
…	»	»	11	»	»	»	»	9	»	»	»	»	»	»	»	»	2	»	»	»	»	»	»	»	»	21	»	»	»	»	1	»	»	»	»	»
{ Commune	»	»	11	»	»	»	»	»	»	»	»	»	6	1	2	»	1	»	»	»	»	»	»	1	1	»	»	»	»	»	2	»	»	3	»	»
{ Province	»	»	»	»	»	»	»	»	»	»	1	»	2	»	2	»	»	»	»	»	»	»	»	»	»	»	»	»	»	»	»	»	»	»	»	»
Total	»	»	11	»	»	»	»	»	»	»	1	»	8	1	4	»	1	»	»	»	»	»	»	1	1	»	»	»	»	»	2	»	»	3	»	»
…	»	»	30	»	»	»	»	1	»	»	»	»	1	»	»	»	»	»	»	4	1	»	»	»	»	»	»	»	»	»	»	»	»	»	»	»
{ Commune	1	»	60	3	4	»	»	»	»	»	»	»	25	»	6	5	3	»	11	»	»	»	1	1	1	5	»	2	2	1	»	»	»	3	»	»
{ Province	»	»	25	2	»	»	5	3	»	»	»	»	4	»	3	»	»	»	»	»	3	»	»	»	»	7	»	»	»	»	»	»	»	3	»	»
Total	1	»	[illegible]	»	4	»	»	3	»	»	»	»	29	»	9	5	»	»	11	»	3	»	1	1	1	10	»	2	2	1	»	»	»	6	»	»
…	»	»	2	»	»	6	»	»	»	»	»	»	»	»	»	»	»	»	»	»	»	1	»	»	»	»	»	»	»	»	»	»	»	»	3	»
…	»	2	14	»	»	»	»	31	»	»	»	»	4	»	1	»	3	»	1	»	»	»	»	»	»	2	»	»	»	»	»	»	»	»	»	»
…	»	»	5	»	»	5	»	9	»	»	»	»	»	»	»	»	»	»	»	»	»	»	»	»	»	»	»	»	»	»	»	»	»	»	»	»
…	»	1	14	1	»	»	»	4	»	»	»	»	»	»	1	»	»	»	2	»	2	»	»	»	»	11	»	1	»	»	»	»	»	1	»	»
…	»	»	1	»	5	»	»	5	»	»	»	»	»	»	»	»	»	»	»	»	»	»	»	»	»	1	»	»	»	»	»	»	»	»	»	»
…	»	3	2	»	»	1	»	13	»	»	»	»	»	»	»	»	»	»	»	»	»	»	»	»	»	2	»	»	»	»	»	»	»	»	»	»
{ Commune	1	2	51	28	1	3	2	26	»	»	»	1	22	1	6	»	8	»	2	»	»	»	»	»	1	109	»	3	4	»	1	»	»	3	1	»
{ Province	»	»	45	20	3	5	5	18	1	5	»	»	15	»	10	»	3	»	4	»	»	»	»	»	»	6	»	2	»	»	»	»	»	2	»	»
Total	1	2	95	48	4	8	7	44	1	»	»	1	37	1	16	»	11	»	6	»	»	»	»	»	1	115	»	5	4	»	»	»	»	5	1	»
…	»	»	10	2	»	»	»	25	1	»	»	»	»	»	»	1	3	»	»	»	»	»	»	»	1	18	»	»	5	»	»	»	»	»	»	»
…	»	»	3	»	»	»	»	25	»	»	»	»	»	1	1	»	1	»	»	»	»	»	»	»	»	30	»	»	»	»	»	»	»	»	1	»
{ Commune	»	»	12	»	1	1	1	13	»	»	»	»	»	»	»	»	»	»	»	»	»	»	»	»	»	26	»	»	»	»	3	»	»	»	»	»
{ Province	»	»	1	»	»	»	»	10	»	»	»	»	»	»	»	»	»	»	»	»	»	»	»	»	»	14	»	»	»	»	»	»	»	»	»	»
Total	»	»	14	»	1	1	1	29	»	»	»	»	»	»	»	»	»	»	»	»	»	»	»	»	»	56	»	»	»	»	3	»	»	»	»	»
…	»	»	5	»	»	»	»	»	»	»	»	»	»	»	»	»	»	»	»	»	»	»	»	»	»	1	»	»	»	»	»	»	»	»	»	»
…	»	»	18	»	»	»	»	»	»	»	»	»	3	»	1	»	»	»	5	»	»	1	»	»	»	»	1	»	»	»	»	»	»	1	»	»
…	»	»	1	»	»	»	»	»	»	»	»	»	»	»	»	»	»	»	»	»	2	»	»	»	»	»	»	»	»	»	»	»	»	»	»	»
Totaux	»	12	126	77	26	37	20	219	»	6	1	6	251	14	50	27	38	3	114	27	13	2	19	2	5	298	52	41	17	1	52	0	6	193	1	»

III

FINANCES

N° 10 — BUDGETS LOCAUX — RECETTES DE L'ANNÉE 1897 A L'ANNÉE 1906 INCLUSIVEMENT

NATURE DES RECETTES	1897	1898	1899	1900	1901	1902	1903	1904	1905	1906	OBSERVATIONS
		fr. c.	fr. c.	fr. c.	fr. c.	fr. c.	fr. c.	fr. c.	fr. c.	fr. c.	
SECTION I											
Recettes ordinaires.											
Produit des ventes et locations domaniales		97.941 36	305.220 95	155.520 15	131.261 87	139.863 43	121.171 21	91.950 43	102.218 30	63.272 22	
Recettes domaniales diverses		63.579 17	100.965 65	75.863 87	78.465 50	60.390 52	26.618 79	30.346 31	16.216 23	82.918 51	
Produit du domaine forestier		11.610 08	41.078 »	23.875 04	26.927 35	35.270 83	42.331 15	78.174 77	44.611 46	30.560 88	
Produit des permis de recherches minières		12.325 »	9.100 »	15.800 »	20.025 »	52.575 08	153.157 26	250.680 88	291.628 37	306.487 24	
Redevances dues par les exploitants de mines		45.378 87	57.737 70	120.619 27	145.617 31	161.926 75	317.000 »	370.023 01	430.280 25	392.806 37	
Produit des jardins d'essais		2.165 »	3.590 58	3.215 51	2.801 85	5.120 54	5.083 35	8.232 11	7.300 15	6.037 35	
Patentes		321.107 84	295.251 29	514.372 46	530.909 01	624.410 51	560.095 16	538.861 71	691.310 87	500.573 65	
Licences		»	99.865 08	175.200 02	161.620 15	218.141 00	358.501 40	398.718 50	385.677 01	351.355 45	
Taxe de séjour		126.693 50	95.065 07	147.749 25	190.955 16	806.193 08	377.990 92	401.178 75	302.714 08	426.086 75	
personnelle		1.987.939 61	2.357.839 30	3.158.206 22	10.302.787 91	11.843.800 64	12.008.580 36	12.125.093 61	12.071.932 31	12.725.118 91	
Impôt foncier sur les maisons		256.073 68	471.680 55	565.092 14	600.577 03	645.080 29	570.958 01	568.826 65	556.876 40	113.794 15	
— — rizières		1.077.258 73	1.319.100 09	1.380.050 60	1.650.041 30	1.758.114 37	1.083.558 35	1.630.795 08	173.508 17	607.301 05	
propriétaires d'animaux		35.551 87	112.601 88	148.911 32	139.906 85	531.861 91	630.167 81	720.507 57	1.328.662 04	1.511.592 25	
Rachat de prestation		620.558 83	1.206.913 37	1.238.382 45		»		»	»	»	
Impôt sur les [illegible]		»		»		»		12.320 90	»		
— célibataires sans enfants		»	»	21.197 10	45.330 12	51.780 85	38.185 05	»	»	»	
Taxe d'assistance médicale		»		105.855 65	151.553 30	183.533 30	685.957 64	1.097.018 57	1.164.141 91	1.194.701 80	
Impôt sur les [illegible]		»	26.071 80	67.508 32	61.427 74	57.370 46	56.327 50	77.725 »	50.047 75	110.102 50	
Droits de statistique		»	»		»	»	»		56.651 »	66.477 10	
Droits de douane à l'importation		1.082.933 14	743.330 11	1.160.023 50	832.657 12	822.014 13	719.069 03	560.606 40	609.628 76	690.144 56	
— l'exportation		223.204 07	617.025 09	355.913 »	363.350 51	965.525 17	636.120 65	172.147 47	222.800 »	92.073 50	
Taxe de consommation		1.826.173 03	2.578.212 91	3.708.186 50	3.502.205 06	3.128.383 67	3.059.016 95	2.383.746 65	3.262.940 42	8.035.798 62	
Droits de visite sur les animaux à l'importation et à l'exportation		»	»	»	»	»	»	»	36.610 50	55.998 50	
Droits accessoires de douane		6.308 50	7.063 06	9.027 26	23.819 35	58.261 38	8.310 82	50.086 50	11.978 96	12.783 90	
Amendes et confiscations		»	108 »	»	10.598 30	16.761 42	10.820 50	11.326 25	200 »	500 66	
Droits de navigation et droits sanitaires		2.223 65	309 00	5.353 50	14.926 21	14.800 43	16.099 72	14.708 14	23.548 25	16.329 07	

(Suite page 40.)

N° 10 — BUDGETS LOCAUX — RECETTES DE L'ANNÉE 1897 A L'ANNÉE 1906 INCLUSIVEMENT

NATURE DES RECETTES	1897	1898	1899	1900	1901	1902	1903	1904	1905	1906	OBSERVATIONS
		fr. c.	fr. c.	fr. c.	fr. c.	fr. c.	fr. c.	fr. c.	fr. c.	fr. c.	
...sommation sur les alcools et autres produits fabriqués à ...		»	»	»	»	26.208 70	10.009 50	91.946 09	134.860 90	108.550 70	
...tropolitaine		1.800.000 »	1.800.000 »	1.700.000 »	1.330.000 »	700.000 »	»	»	»	»	
...x et télégraphiques		350.809 53	366.377 07	538.088 22	585.509 31	621.780 08	583.689 95	614.130 86	702.689 77	668.207 20	
...primeries officielles		38.252 72	45.753 20	56.290 15	65.982 83	77.517 07	60.250 10	55.556 29	30.186 60	29.095 86	
...débit de timbre et de chancellerie		107.334 43	161.258 71	155.881 71	180.378 09	160.553 09	127.677 95	108.117 78	94.475 49	119.630 95	
...de consommation		36.250 12	30.630 05	»	»	»	»		»	»	
...des et condamnations pécuniaires		109.812 25	91.558 96	173.266 38	159.438 25	103.538 27	137.019 15	121.290 10	72.419 60	60.751 49	
...sur les locaux loués dans le Betsiboka		»	28.752 50	56.305 »	»	»	»	»	»	»	
...et des frais d'hospitalisation		20.461 28	32.335 59	58.256 07	56.832 62	40.948 03	30.747 80	10.886 84	5.899 25	4.313 75	
...ations du service militaire		»	107.739 50	337.190 »	227.965 »	186.400 »	300	»	»	»	
...sommes urbaines		2.321 75	»	»	»	»	»	»	»	»	
...sur les marchés		921.179 36	582.086 25	797.568 73	952.460 98	928.200 35	900.588 75	990.813 43	877.363 31	809.750 95	
...axe d'abatage		119.382 52	70.168 91	71.110 74	86.272 72	113.335 80	147.644 00	107.028 »	321.052 30	875.122 03	
...ge sur les rivières		36.895 45	53.578 20	85.207 12	151.430 93	128.865 57	153.156 55	105.942 80	118.465 25	71.760 55	
...ode professionnelle		13.880 78	10.809 66	18.770 42	20.944 79	12.055 72	10.805 44	12.222 11	5.088 05	»	
...vail des prisonniers		17.070 10	18.977 76	21.337 36	23.260 32	25.170 21	26.080 85	23.076 13	30.182 00	42.913 70	
...es et accidentelles		608.500 59	167.729 08	198.193 70	435.326 00	190.018 75	194.001 74	326.475 71	110.311 05	133.125 31	
...ports		107.051 52	73.112 70	9.314 20	»	»	»	»	»	»	
...et des frais d'immatriculation		100.060 05	73.919 95	92.043 91	115.013 09	129.715 85	113.775 68	64.167 50	74.368 56	69.052 90	
...ressions en déshérence atteintes par la prescription		»	»	»	»	»	»	»	139 35	»	
...min de fer de la Pointe Tanio		»	»	»	»	»	»	15.750 50	12.427 68	»	
...sites par le recouvrement des contributions sur rôles		»	»	»	»	»	»	»	2.160 80	2.512 75	
...en vertu de poursuites (produits divers)		»	»	»	»	»	»	»	70 50	250 55	
...traordinaires		»	»	»	»	»	»	»	»	169.765 05	
...erces divers		177.507 35	900.162 62	1.521.753 74	383.147 02	100.168 47	188.460 30	103.137 51		51.051 70	
...sur contributions sur rôles		»	»	»	»	»	»	»	50.935 55	71.360 17	
...sur produits divers		»	»	»	»	»	»	»	56.002 97	24.521 60	
Totaux des recettes ordinaires		17.781.516 23	18.981.055 57	19.208.655 75	23.561.120 »	25.008.562 17	24.901.323 07	24.843.299 00	25.607.586 83	25.505.918 23	

(Suite page 42.)

N° 10 — BUDGETS LOCAUX — RECETTES DE L'ANNÉE 1897 A L'ANNÉE 1906 INCLUSIVEMENT

NATURE DES RECETTES	1897	1898	1899	1900	1901	1902	1903	1904	1905	1906	OBSERVATIONS
		fr. c.	fr. c.	fr. c.	fr. c.	fr. c.	fr. c.	fr. c.	fr. c.	fr. c.	
SECTION II											
Recettes extraordinaires.											
[illegible]		211.328 65	3.561 25	12.160 56	»	14.575 40		»		5.070.862 01	
Recettes extraordinaires : emprunt			»	»	»	»	»	»	»	230.535 75	
— — diverses		»	»	»		»	»	»	»	»	
Totaux des recettes extraordinaires		211.328 65	3.561 25	12.160 56	»	14.575 40	»	»	»	5.169.398 00	
SECTION III											
Recettes du chemin de fer.											
Recettes de l'exploitation		»		»	»	»		»	»	961.565 55	
Produits des locations de matériel		»	»	»	»	»	»	»	»	6.090 59	
Recettes diverses et accidentelles		»	»	»	»	»	»	»	»	3.900 40	
Subventions éventuelles du budget local pour insuffisance		»	»	»	»	»	»	»	»	160.000 »	
Produit des domaines et de la vente des objets mobiliers		»	»	»	»	»	»		»	»	
Recettes des exercices clos		»	»	»		»	»			»	
Recettes en atténuation de dépenses		»		»	»	»		»	»	»	
Totaux des recettes du chemin de fer		»	»	»	»	»	»	»	»	1.140.387 05	
Totaux des recettes locales		12.002.[illegible] 88	14.085.155 82	19.310.785 21	23.561.120 78	25.023.187 63	28.[illegible] 67	25.925.290 60	25.507.590 83	31.815.234 58	
Prévisions		9.661 950	11.136.000 »	13.772.000 »	19.405.000 »	22.005.000 »	23.507.000 »	23.865.000 »	25.001.590 70	30.792.503 83	
Plus-values ou moins-values par rapport aux prévisions		2.340 930 88	3.039.155 82	5.538.785 21	4.057.120 78	3.018.187 63	1.305 323 67	1.[illegible] 290 60	1.506.000 13	1.041.[illegible] 24	

N° 11 — BUDGETS LOCAUX — DÉPENSES DE L'ANNÉE 1897 A L'ANNÉE 1906 INCLUSIVEMENT

NATURE DES DÉPENSES	1897	1898	1899	1900	1901	1902	1903	1904	1905	1906	OBSERVATIONS
	fr. c.	fr. c.	fr. c.	fr. c.	fr. c.	fr. c.	fr. c.	fr. c.	fr. c.	fr. c.	
SECTION I											
Dépenses ordinaires											
…l'administration française		1.314.601 09	1.508.038 12	1.636.665 27	1.845.989 93	2.163.096 32	2.110.071 88	2.127.622 10	2.185.266 02	2.153.837 38	
— indigène		353.970 77	384.180 08	649.392 70	404.383 23	602.679 93	551.368 70	555.257 51	526.221 52	662.815 38	
…		174.377 29	69.353 80	78.501 77	125.535 07	127.355 86	130.376 67	219.081 65	222.172 51	108.778 76	
…contrôle financier		84.702 01	68.314 39	73.740 26	73.851 60	79.535 35	80.685 15	76.987 53	76.643 80	52.101 26	
…ion		303.455 10	203.427 95	216.982 15	223.569 85	205.638 80	227.260 58	1.014.518 16	997.304 87	956.566 06	
…douanes et des contributions indirectes		90.074 39	714.495 06	703.586 09	774.230 04	859.566 »	850.163 52	716.601 09	655.078 15	630.519 85	
…graphe		808.564 15	979.653 30	1.511.858 00	2.335.638 32	2.862.785 93	2.287.325 07	1.749.830 90	1.835.228 92	1.812.293 »	
…ain		305.552 23	274.040 57	283.855 53	327.534 38	395.327 78	600.096 38	427.255 59	500.223 82	473.803 03	
…ale		1.645.370 85	1.685.371 72	1.683.165 33	1.698.084 99	1.339.097 06	1.390.072 25	1.330.826 70	1.215.870 01	1.308.757 82	
…ons		150.360 80	122.998 58	162.108 34	305.561 02	552.455 58	515.391 76	509.510 01	472.112 18	508.231 05	
…ilité		205.098 35	251.342 80	255.167 60	217.553 82	299.515 01	238.683 63	307.751 02	228.835 81	152.673 48	
…vaux publics		1.020.702 03	1.690.135 73	1.760.785 75	5.219.065 12	5.851.217 02	5.468.756 38	2.965.954 71	3.777.901 43	3.107.035 53	
…ères		41.649 70	65.356 58	62.807 40	88.211 08	83.185 09	78.805 53	95.951 65	136.217 81	165.307 80	
…		»	»	»	»	»	»	»	»	146.113 53	
…ique		271.309 61	258.205 58	300.810 98	481.895 53	470.887 70	765.390 19	542.800 19	851.070 40	408.361 29	
…ions		91.009 30	71.307 10	88.738 01	128.035 77	131.981 20	157.545 10	138.328 70	105.635 73	94.252 08	
…ses		85.464 02	77.019 25	99.588 41	52.754 35	50.328 82	56.815 35	32.260 08	15.822 75	38.154 31	

(Suite page 46.)

N° 11 — BUDGETS LOCAUX — DÉPENSES DE L'ANNÉE 1897 A L'ANNÉE 1906 INCLUSIVEMENT

NATURE DES DÉPENSES	1897	1898	1899	1900	1901	1902	1903	1904	1905	1906	OBSERVATIONS
	fr. c.	fr. c.	fr. c.	fr. c.	fr. c.	fr. c.	fr. c.	fr. c.	fr. c.	fr. c.	
Service économique agricole		41.947 90	139.150 35	272.154 99	398.777 20	493.766 65	484.167 08	396.817 58	503.516 25	147.130 05	
— vétérinaire		»	»	»		»	»	155.587 62	139.573 08	138.088 86	
— de l'enseignement		215.302 40	306.505 07	328.255 76	460.880 80	379.513 90	705.781 08	465.697 56	660.948 97	712.837 28	
École professionnelle		»	145.999 28	131.875 22	157.387 08	187.693 71	190.916 85	172.021 77	182.657 08		
Ports, rades et phares	»	78.165 20	72.939 96	86.117 25	322.571 17	332.002 52	432.770 92	201.865 68	120.671 15	125.856 90	
Hôpitaux et services sanitaires		125.765 52	167.665 76	505.650 70	743.451 05	800.690 85	1.201.868 80	320.090 11	287.979 56	256.097 59	
Assistance médicale indigène		»	»	»	»	»	»	1.011.341 56	1.257.525 49	977.977 65	
Frais de transport du personnel et du matériel		916.146 43	990.371 82	1.168.683 91	1.995.083 02	2.083.553 56	1.929.170 10	1.861.704 81	1.867.622 10	1.853.527 52	
Dépenses diverses et d'intérêt général		81.035 25	140.421 05	125.220 74	246.555 50	212.051 75	226.444 41	318.055 00	329.672 85	395.048 57	
Subventions aux budgets municipaux		170.000 »	80.271 45	411.600 »	530.087 53	855.575 »	1.056.850 »	265.300 »	730.020 »	495.365 »	
Dettes exigibles et pensions		537.749 80	821.646 35	926.053 20	1.367.366 06	1.788.779 09	2.551.013 02	3.415.191 16	3.650.060 16	3.503.515 54	
Dépenses diverses et imprévues et remboursement de recettes		376.709 79	846.796 06	653.567 57	862.338 31	625.212 12	131.058 50	299.291 07	175.506 33	162.738 52	
— des exercices clos		609.203 71	1.572.218 59	1.917.805 14	692.703 60	504.203 02	302.063 28	256.477 05			
— d'ordre		»	»	»	»	»	»		»	»	
Gendarmerie		»	»	»	263.170 00	518.577 45	354.991 20	»	»	»	
Frais de perception des impôts		151.612 65	278.057 37	607.037 50	637.097 55	754.218 86	710.115 18		»	»	
— dépêches et informations télégraphiques		26.303 65	89.175 08	3.050 58	225.154 17	135.550 73	116.527 56	»	»	»	
Participation de la colonie à l'exposition de ...			276.442 80	372.544 65	»	»	»		»	»	
Totaux des dépenses ordinaires		10.565.765 09	15.075.809 65	17.662.254 73	23.147.658 35	25.322.768 00	25.207.992 78	22.553.048 71	23.366.151 16	21.015.557 10	

(Voir page 50.)

N° 11 — BUDGETS LOCAUX — DÉPENSES DE L'ANNÉE 1897 A L'ANNÉE 1906 INCLUSIVEMENT

NATURE DES DÉPENSES	1897	1898	1899	1900	1901	1902	1903	1904	1905	1906	OBSERVATIONS
	fr. c.	fr. c.	fr. c.	fr. c.	fr. c.	fr. c.	fr. c.	fr. c.	fr. c.	fr. c.	
SECTION II											
Dépenses extraordinaires											
…chemin de fer [illegible] Mangoro		»	»	»	»	»	»		»	3.965.575 71	
— Mangoro-Tamatave		»	»	»	»	»	»	»	»	»	
…			»	»	»	»	»	»	»	161.690 36	
…ion d'eau			»	»	»	»	»		»	22.577 52	
…des timbres et dépenses diverses		»	»	»	»			»	»	3.615 10	
…ordinaires imputables sur fonds d'emprunt			»	»	»	»	»	»	»	155.160 17	
Totaux		»	»	»	»	»	»	»		4.258.775 71	
SECTION III											
…chemin de fer (exploitation)			»	»	»	»	»	»	»	628.160 76	
Totaux généraux		10.463.761 09	14.073.860 65	17.662.244 73	24.147.758 75	25.322.768 93	25.207.082 78	22.853.032 71	24.559.161 01	25.[illegible] 391 37	
Prévisions		9.650.319 93	11.123.066	13.771.610 »	19.981.070 45	22.085.060 75	23.307.000	23.884.880 »	25.561.500 70	30.792.568 83	
Dépenses en moins ou en plus par rapport aux prévisions		806.445 16	2.950.823 65	3.290.635 73	3.255.682 30	1.310.071 18	300.082 78	1.071.067 29	785.539 63	5.502.017 35	

N° 12 — DETTE DE MADAGASCAR AU 31 DÉCEMBRE 1906

NATURE DE LA DETTE	LOI AUTORISANT LES EMPRUNTS	DATE D'EXTINCTION DES EMPRUNTS	MONTANT DES EMPRUNTS	TAUX d'intérêt	TAUX D'INTÉRÊT et d'amortissement	CAPITAL AMORTI	CRÉDIT AFFÉRENT au service de l'emprunt en 1906	CAPITAL À REMBOURSER au 1er janvier 1907	AFFECTATION DE L'EMPRUNT
			francs	pour cent		fr. c.	fr. c.	fr. c.	
Emprunt de 1897. Émission publique avec garantie	5 avril 1897	Remboursable en 60 ans.	30.000.000	2 1/2	Sans solidarité. Annuité statique de [illegible] fr.	2.321.000 »	950.[illegible] 25	27.679.000 »	Conversion de l'emprunt malgache de 1896 et travaux publics [illegible], phares, balises et amélioration des ports.
Emprunt de 60 millions avec garantie, contracté en 2 fois	14 avril 1900								
1° emprunté à la Caisse nationale des retraites pour la vieillesse	15.000.000 fr.	Remboursable en 60 ans.	15.000.000	3 05	Sans solidarité de [illegible] fr.	280.826 88	611.[illegible] 20	14.719.173 12	Construction du chemin de fer [illegible] et exécution de phares, balises, amélioration des ports, routes, travaux [illegible] télégraphiques.
2° émission publique	45.000.000 fr.	Remboursable en 60 ans.	45.000.000	3 »	Sans solidarité de [illegible] fr.	983.372 50	1.826.550	44.016.627 50	
Emprunt de 15 millions avec garantie. Émission publique	19 mars 1905	Remboursable en 50 ans [illegible]	15.000.000	3 »	Sans solidarité de [illegible] fr.	66.787 50	605.[illegible] »	14.933.212 50	Idem.
Totaux			105.000.000	3 07		3.651.986 88	3.316.019 51	101.348.013 12	

N° 13 — SITUATION FINANCIÈRE DE 1898 A 1906

ANNÉES	RECETTES		DÉPENSES		RECETTES ET DÉPENSES	
	EN PLUS sur prévisions.	EN MOINS sur prévisions.	EN PLUS sur prévisions.	EN MOINS sur prévisions.	EXCÉDENTS	DÉFICITS
	francs.	francs.	francs.	francs.	francs.	francs.
1898	3.330.910		806.445		2.527.091	
1899	3.049.154		2.940.823		909.266	
1900	3.538.785		3.290.635		2.248.541	
1901	3.657.120		3.244.682		413.362	
1902	3.618.137		3.310.673		300.367	
1903	1.394.323		700.982		693.341	
1904	1.060.299			1.371.067	2.431.367	
1905	1.405.906			735.419	2.141.325	
1906	1.041.830			5.402.017	10.320.787	

IV

JUSTICE

N° 14 — TABLEAU DES AFFAIRES JUGÉES PAR LES COURS ET TRIBUNAUX EN MATIÈRE CIVILE ET EN MATIÈRE COMMERCIALE PENDANT L'ANNÉE 1906

DÉSIGNATION DES TRIBUNAUX	Tribunaux de paix: affaires conciliées	Tribunaux de paix: affaires jugées	Tribunaux de paix: total	Tribunaux de 1re instance: [illegible]	Tribunaux de 1re instance: [illegible]	Tribunaux de 1re instance: total	Tribunaux de commerce: conciliées	Tribunaux de commerce: jugées	Tribunaux de commerce: total	Cours d'appel: arrêts rendus	Tribunal supérieur: arrêts rendus	Haute cour	Contentieux administratif: [illegible] et nombre des [illegible]	Contentieux administratif: [illegible]	Contentieux administratif: appel jugements du 1er degré	Contentieux administratif: [illegible]	Contentieux administratif: [illegible]	TOTAUX	OBSERVATIONS
COUR D'APPEL																			
[illegible]	»	»	»	»	»	»	»	»	»	151	»	58	»	»	»	»	»	199	
TRIBUNAUX DE 1re INSTANCE																			
[illegible]	8	»	8	81	246	347	14	162	176	»	»	»	»	»	»	»	»	501	
[illegible]	»	»	»	147	392	530	»	9	»	»	»	»	»	»	»	»	»	530	
[illegible]	»	»	»	»	»	»	»	»	»	»	»	»	»	»	»	»	»	»	
[illegible]	30	»	»	60	215	275	»	140	145	»	»	»	»	»	»	»	»	410	
[JUSTI]CES DE PAIX À COMPÉTENCE ÉTENDUE																			
[illegible]	»	»	»	91	82	173	»	4	4	»	»	»	»	»	»	»	»	177	
[illegible]	44	»	44	57	22	79	»	6	6	»	»	»	»	»	»	»	»	129	
[illegible]	305	60	365	»	»	»	»	»	»	»	»	»	»	»	»	»	»	365	
[JU]STICES DE PAIX SIMPLES																			
[illegible]	15	14	29	»	»	»	»	»	»	»	»	»	»	»	»	»	»	29	15 affaires [illegible] en conciliation [illegible] conciliées et [illegible] non conciliées.
[illegible]	27	42	69	»	»	»	»	»	»	»	»	»	»	»	»	»	»	69	
[illegible]	28	16	44	»	»	»	»	»	»	»	»	»	»	»	»	»	»	44	Il convient d'y ajouter [illegible] affaires non conciliées mais qui ont fait l'objet de [illegible] de conciliation et d'actes divers.
[illegible]	1	5	6	»	»	»	»	»	»	»	»	»	»	»	»	»	»	6	
[illegible]	»	1	1	»	»	»	»	»	»	»	»	»	»	»	»	»	»	1	
[illegible]	3	»	3	»	»	»	»	»	»	»	»	»	»	»	»	»	»	3	
[illegible]	4	2	6	»	»	»	»	»	»	»	»	2	»	»	»	»	»	8	
[illegible]	9	13	22	»	»	»	»	»	»	»	»	3 (1) 31 (2)	»	»	»	»	»	56	(1) Tribunal de 1er degré. — (2) Tribunal de 2e degré.
[illegible]	1	7	8	»	»	»	»	»	»	»	»	»	»	»	»	»	»	8	
[illegible]	8	9	17	»	»	»	»	»	»	»	»	»	»	»	»	»	»	17	Dont [illegible] en matière civile.
[illegible]	8	9	17	»	»	»	»	»	»	»	»	»	»	»	»	»	»	17	
[illegible]	»	1	1	»	»	»	»	»	»	»	»	»	»	»	»	»	»	1	
[illegible]	89	16	105	»	»	»	»	»	»	»	»	»	»	»	»	»	»	105	
[illegible]	3	15	18	»	»	»	»	»	»	»	»	»	»	»	»	»	»	18	
[TRI]BUNAUX INDIGÈNES 1er DEGRÉ																			
[illegible]	59	19	78	»	»	»	»	»	»	»	»	»	»	»	»	»	»	78	
[illegible]	15	16	31	»	»	»	»	»	»	»	»	»	»	»	»	»	»	31	
[illegible]	56	2	58	»	»	»	»	»	»	»	»	»	»	»	»	»	»	58	
[illegible]	21	1	22	»	»	»	»	»	»	»	»	»	»	»	»	»	»	22	
[illegible]	22	10	32	»	»	»	»	»	»	»	»	»	»	»	»	»	»	32	
[TRI]BUNAUX INDIGÈNES 2e DEGRÉ																			
[illegible]	»	3	3	»	»	»	»	»	»	»	»	»	»	»	»	»	»	3	
[illegible]	9	29	38	»	»	»	»	»	»	»	»	»	»	»	»	»	»	38	
[illegible]	»	12	12	»	»	»	»	»	»	»	»	»	»	»	»	»	»	12	
[illegible]	»	2	2	»	»	»	»	»	»	»	»	»	»	»	»	»	»	2	
[illegible]	»	»	»	»	»	»	»	»	»	»	»	»	»	»	2	»	»	2	
[illegible]	»	»	»	»	7	7	»	»	»	»	»	»	»	»	»	»	»	7	

N° 15 — TABLEAU DES AFFAIRES JUGÉES PAR LES TRIBUNAUX DE SIMPLE POLICE PENDANT L'ANNÉE 1906

DÉSIGNATION DU SIÈGE des TRIBUNAUX	NOMBRE DES CONDAMNATIONS PAR NATURE DE CONTRAVENTIONS																				
	INJURES SIMPLES	JEUX DE HASARD SUR LA VOIE PUBLIQUE	BRUITS ET TAPAGES INJURIEUX ET NOCTURNES	VOIES DE FAIT ET VIOLENCES LÉGÈRES	CONTRAVENTION SUR LES AUBERGES, CABARETS et autres lieux publics	IVRESSE MANIFESTE	DÉFAUT DE PRÉCAUTION CONTRE LES INCENDIES	JET DE CORPS DIVERS	INFRACTIONS AUX RÈGLEMENTS RELATIFS à la boucherie	INFRACTIONS AUX RÈGLEMENTS RELATIFS à la boulangerie	INFRACTIONS AUX RÈGLEMENTS RELATIFS à la voirie	MARAUDAGES DE RÉCOLTES et autres produits de la terre	PASSAGE D'ANIMAUX SUR LE TERRAIN D'AUTRUI	CONTRAVENTIONS AUX RÈGLEMENTS sur les poids et mesures	IRRÉVÉRENCE ENVERS LES MAGISTRATS aux audiences de paix	TÉMOINS DÉFAILLANTS	CONTRAVENTIONS AUX RÈGLEMENTS sur la police du roulage	MAUVAIS TRAITEMENTS ENVERS LES ANIMAUX	PROSTITUTION	AUTRES CONTRAVENTIONS	TOTAL DES CONDAMNATIONS
TRIBUNAUX DE 1re INSTANCE																					
Tananarive	»	»	»	3	»	2	»	»	»	»	»	»	»	»	»	»	»	»	»	»	5
Tamatave	»	»	9	»	»	22	»	»	»	»	»	»	»	»	»	»	»	»	»	3	40
Diégo-Suarez	4	»	31	4	3	25	»	1	2	»	30	»	2	»	»	»	7	»	»	10	119
Majunga	»	»	1	5	1	15	»	»	»	»	5	»	1	»	»	»	2	2	»	11	43
JUSTICES DE PAIX																					
Andevorante	2	»	»	7	»	2	»	»	»	»	»	»	»	»	»	1	»	»	»	1	13
Fort-Dauphin	»	»	»	»	»	»	»	»	»	»	»	»	»	»	»	»	»	1	»	1	2
Maevatanana	»	»	»	»	»	»	»	»	»	»	9	»	»	»	»	»	1	»	»	»	10
Maroantsetra	»	»	»	»	»	1	»	»	»	»	»	»	»	»	»	»	»	»	»	»	1
Morondava	»	»	»	»	1	»	»	»	»	»	8	»	5	»	»	»	»	»	»	4	18
Vatomandry	1	»	»	»	»	»	»	1	»	»	»	»	»	»	»	»	»	»	»	»	2
Vohémar	»	»	»	»	»	1	»	»	»	»	5	»	»	»	»	»	»	»	»	»	6
TOTAUX	7	»	41	19	8	68	»	2	2	»	37	»	8	»	»	1	10	3	»	27	258

N° 16 — TABLEAU DES AFFAIRES JUGÉES PAR LES TRIBUNAUX CORRECTIONNELS PENDANT L'ANNÉE 1906

DÉSIGNATION DU SIÈGE des TRIBUNAUX	NOMBRE DES CONDAMNATIONS PAR NATURE DE DÉLITS														
	INFRACTION AU BAN DE SURVEILLANCE	VAGABONDAGE ET MENDICITÉ	RÉBELLION, VIOLENCES ENVERS DES FONCTIONNAIRES agents ou particuliers.	COUPS ET BLESSURES HOMICIDE PAR IMPRUDENCE	ATTENTATS AUX MŒURS ET A LA MORALE publique.	DIFFAMATIONS, INJURES, DÉNONCIATIONS calomnieuses et menaces.	VOLS SIMPLES	ESCROQUERIE, ABUS DE CONFIANCE, banqueroute simple.	DESTRUCTION D'ANIMAUX DOMESTIQUES, d'arbres et de clôtures.	INCENDIES	TROMPERIE SUR LA QUALITÉ OU LA QUANTITÉ de la marchandise vendue.	EXCITATION A L'ABANDON DU TRAVAIL, troubles et désordres.	AUTRES DÉLITS	INFRACTION SPÉCIALE A L'INDIGÉNAT	INFRACTION SPÉCIALE AUX IMMIGRANTS	TOTAL des CONDAMNATIONS
TRIBUNAUX DE 1re INSTANCE															
Tananarive	»	2	4	8	»	5	33	16	1	»	»	»	22	»	»	91
Tamatave	»	4	7	14	»	»	42	13	»	»	»	»	12	»	»	92
Diégo-Suarez	»	1	7	74	5	8	110	15	4	»	»	»	31	»	»	255
Majunga	»	1	4	21	»	2	70	19	3	2	1	»	9	»	1	133
JUSTICES DE PAIX A COMPÉTENCE ÉTENDUE															
Nossi-Bé	»	»	»	2	»	1	12	4	»	»	»	»	1	»	»	20
Fianarantsoa	»	13	4	1	»	»	13	15	»	»	»	»	16	»	»	62
Mananjary	»	2	»	3	»	»	39	5	»	2	»	»	18	»	»	69
Tuléar	»	»	»	»	»	»	»	»	»	»	»	»	»	»	»	»
JUSTICES DE PAIX SIMPLES															
Andevorante	»	»	»	4	»	»	56	8	»	»	2	»	10	»	»	80
Maevatanana	»	»	»	1	»	1	6	3	»	»	»	»	3	»	»	14
Ankazobé	»	»	»	1	»	»	1	2	»	»	»	»	5	»	»	9
Ambositra	»	»	»	»	»	»	6	6	»	»	»	»	3	»	»	15
Antsirabé	»	»	»	1	»	4	13	1	»	»	»	»	13	»	»	32
Morondava	»	»	»	5	»	»	4	1	»	»	»	»	»	»	»	10
Maintirano	»	»	»	»	»	»	3	»	»	»	»	»	»	»	»	3
Farafangana	»	»	»	»	»	»	9	1	5	»	2	»	6	»	»	23
Vohémar	»	»	1	1	»	1	4	»	»	»	»	»	3	»	»	10
Fort-Dauphin	»	»	»	1	»	»	5	»	»	»	»	»	»	»	»	6
Analalava	»	1	2	»	»	»	12	2	»	»	»	»	2	»	»	19
Vatomandry	»	»	1	4	»	1	25	8	»	4	2	»	3	»	»	30
Maroantsetra	»	»	»	1	»	»	6	1	»	»	»	»	1	»	»	9
Sainte-Marie	»	»	»	»	»	»	5	»	»	»	»	»	1	57	»	63
TOTAUX	»	24	30	142	5	23	474	120	13	8	7	»	161	57	1	1.065

N° 17 — TABLEAU DES AFFAIRES JUGÉES PAR LES TRIBUNAUX INDIGÈNES PENDANT L'ANNÉE 1906

DÉSIGNATION DU SIÈGE des TRIBUNAUX	NOMBRE DES CONDAMNATIONS PAR NATURE DE DÉLITS																	
	INFRACTION AU BAN DE SURVEILLANCE	VAGABONDAGE ET MENDICITÉ	RÉBELLION, VIOLENCES ENVERS DES FONCTIONNAIRES agents ou particuliers	COUPS ET BLESSURES HOMICIDE PAR IMPRUDENCE	ATTENTATS AUX MŒURS ET À LA MORALE publique	DIFFAMATIONS, INJURES, DÉNONCIATIONS calomnieuses et menaces	VOLS SIMPLES	ESCROQUERIE, ABUS DE CONFIANCE, banqueroute simple	DESTRUCTION D'ANIMAUX DOMESTIQUES, d'arbres et de clôtures	INCENDIES	TROMPERIE SUR LA QUALITÉ OU LA QUANTITÉ de la marchandise vendue	EXCITATION À L'ABANDON DU TRAVAIL troubles et désordres	AUTRES DÉLITS	MEURTRES	VOL À MAIN ARMÉE	INFRACTION SPÉCIALE À L'INDIGÉNAT	INFRACTION SPÉCIALE AUX IMMIGRANTS	TOTAL des CONDAMNATIONS
TRIBUNAUX INDIGÈNES DU 1er DEGRÉ																		
Andevorante	»	»	»	»	»	»	3	»	»	»	»	»	»	»	»	»	»	3
Anevirano	»	»	»	»	»	»	11	»	»	»	»	»	»	»	»	»	»	11
Ankazobé	»	»	»	2	»	1	2	»	»	»	1	»	1	»	»	»	»	7
Antsirabé	»	»	»	»	»	»	9	»	»	»	»	»	»	»	»	»	»	9
Maintirano	»	»	»	»	»	»	2	»	»	»	»	»	»	»	»	»	»	2
Anipainby	»	»	»	»	»	»	1	»	»	»	»	»	»	»	»	»	»	1
Androka	»	»	»	»	»	»	1	»	»	»	»	»	»	»	»	»	»	1
Betroky	»	»	»	»	»	»	8	»	»	»	»	»	»	»	»	»	»	8
TRIBUNAUX INDIGÈNES DU 2e DEGRÉ																		
Ambositra	»	»	»	3	»	»	32	8	»	»	»	»	1	2	»	2.877	»	2.923
Andevorante	»	1	»	7	»	»	71	4	»	1	»	»	4	»	»	»	»	88
Analalava	»	1	»	»	»	»	21	3	»	»	»	»	3	»	»	»	»	28
Ankazobé	»	»	»	3	»	»	24	»	»	»	»	»	»	»	»	»	»	27
Antsirabé	»	»	»	1	»	»	117	2	»	»	»	»	1	»	»	761	»	882
Farafangana	66	9	2	6	»	»	6	»	»	»	»	»	»	»	»	»	»	89
Fort-Dauphin	»	»	»	5	»	»	5	»	»	»	»	»	»	»	»	785	»	795
Maintirano	»	»	»	2	»	»	16	»	»	»	»	»	»	»	»	»	»	18
Morondava	»	»	»	1	»	»	7	»	»	»	»	»	»	2	5	»	»	15
Vatomandry	10	2	»	5	»	»	9	5	»	30	3	»	4	»	»	»	»	68
Vohémar	»	»	1	»	1	»	11	1	1	»	»	»	36	11	»	»	»	62
Mahafaly	»	1	»	»	»	»	7	»	1	»	»	»	1	2	1	245	»	258
Totaux	76	14	3	35	1	1	363	23	2	31	4	»	51	17	6	4.668	»	5.295

N° 18 — TABLEAU DES COMDAMNATIONS PRONONCÉES PAR LES COURS D'ASSISES OU LES TRIBUNAUX CRIMINELS PENDANT L'ANNÉE 1906

DÉSIGNATION des TRIBUNAUX	MEURTRES ET ASSASSINATS	TENTATIVES DE MEURTRE ET D'ASSASSINAT	EMPOISONNEMENTS	COUPS ET BLESSURES OU VIOLENCES envers les particuliers	RÉBELLION ET VIOLENCES ENVERS DES FONCTIONNAIRES OU AGENTS	INFANTICIDES OU AVORTEMENTS	VIOLS ET ATTENTATS A LA PUDEUR	BANQUEROUTES FRAUDULEUSES	FAUX	INCENDIES	VOL DANS UN LIEU PUBLIC AVEC VIOLENCE escalade ou effraction	VOLS DOMESTIQUES OU SANS VIOLENCE	ABUS DE CONFIANCE	AUTRES CRIMES	TOTAUX	OBSERVATIONS
COUR D'APPEL																
Tananarive	11	1	»	22	6	»	2	»	»	1	20	82	10	27	182	
TRIBUNAUX DE 1re INSTANCE																
Tamatave	21	2	»	3	»	»	1	»	»	»	3	»	»	»	30	
Diégo-Suarez	1	»	»	3	»	»	1	2	»	1	»	»	1	»	9	
Majunga	1	»	»	»	»	»	»	»	»	»	»	»	»	2	3	
JUSTICES DE PAIX A COMPÉTENCE ÉTENDUE																
Nossi-Bé	1	»	»	»	»	»	»	»	»	»	»	»	»	»	1	
Mananjary	»	»	»	»	»	»	»	»	»	»	10	»	»	»	10	
Fianarantsoa	»	»	»	»	»	»	»	»	»	»	»	»	»	»	»	

V

INSTRUCTION PUBLIQUE

N° 19 — STATISTIQUES DE L'INSTRUCTION PUBLIQUE — ENSEIGNEMENT PROFESSIONNEL OU AGRICOLE OU ADMINISTRATIF OU NORMAL DESTINÉ AUX INDIGÈNES (ANNÉE 1906)

OFFICIEL

LOCALITÉS	Nature de l'Enseignement	Nombre d'écoles: Garçons	Filles	Mixtes	Professeurs Hommes: Européens	Hommes: Indigènes	Femmes: Européennes	Femmes: Indigènes	Élèves: Garçons	Élèves: Filles
PROVINCE DE TANANARIVE										
Tananarive	normal	1	»	»	2	4	»	»	145	»
	administratif	1	»	»	3	2	»	»	124	»
	professionnel	1	2	»	5	6	3	7	114	101
Ambatoharanana		»	»	»	»	»	»	»	»	»
Manjaka		»	»	»	»	»	»	»	»	»
Ambohidrabiby		»	»	»	»	»	»	»	»	»
Merimandroso		»	»	»	»	»	»	»	»	»
Nanokoa		»	»	»	»	»	»	»	»	»
Meharena		»	»	»	»	»	»	»	»	»
PROVINCE DU VAKINANKARATRA										
Antsirabe	professionnel	1	1	»	2	7	1	1	86	30
PROVINCE DE FIANARANTSOA										
Fianarantsoa	normal	1	»	»	2	6	»	»	145	»
	professionnel	»	1	»	»	»	1	3	»	98
PROVINCE D'AMBOSITRA										
Ambositra	professionnel	1	1	»	1	3	1	3	60	28
PROVINCE DES BETSIMISARAKA DU SUD										
[illegible]		»	»	»	»	»	»	»	»	»
PROVINCE DE MAROANTSETRA										
Maroantsetra	professionnel	1	»		1	3	»	»	38	»
PROVINCE DE L'ITASY										
Miarinarivo	professionnel	1	1	»	1	5	1	2	36	20
PROVINCE D'ANALALAVA										
Analalava	professionnel	1	1	»	2	9	1	1	67	27
TOTAUX		9	7	»	20	47	8	18	800	304

LIBRE

LOCALITÉS	Nature de l'Enseignement	Nombre d'écoles: Garçons	Filles	Mixtes	Professeurs laïques: Hommes	Femmes	Quelles?	Nationalité	Congréganistes: Hommes	Femmes	Nationalité	Élèves: Garçons	Élèves: Filles	TOTAUX GÉNÉRAUX: Nombre d'écoles	Nombre de professeurs
PROVINCE DE TANANARIVE															
Tananarive	normal	5	1	1	1 2 2 1 8 8	» » » » 1 »	M. Anglicane. L. M. S. F. F. M. A. M. P. F.	française. anglaise. — française. indigène. —	3	2	française.	190	66	15	67
	professionnel	3	1	»	2 »	» 1	C. F. M. A. M. Anglicane.	suisse. canadienne.	2	»	française.	67	10		
Ambatoharanana	normal	1	»	1	1 6	1 5	—	anglaise. indigène				85	49	2	11
Manjaka	professionnel		»	1	»	2			1	»	française.	70	30	1	3
Ambohidrabiby			»	1	»	3			1	»	italienne.	51	30	1	4
Merimandroso	—	1	1	»	3	2						34	12	2	4
Nanokoa	—	1	1	»	2	2		—	»	»		45	30	2	5
Meharena	—	»	»	1	1 5	» »	M. P. F.	française. indigène.	»	»		150	66	1	6
PROVINCE DU VAKINANKARATRA															
Antsirabe	normal	1	»	»	1	»	M. Norvégienne	française	»	»		60	»	3	16
PROVINCE DE FIANARANTSOA															
Fianarantsoa	normal	3	»	»	1 1	» »	M. Norvégienne M. P. F.	suisse. française.	2 »	» »	française.	228	»	6	17
	professionnel	1	»	»	1	»			»	»		» 3	» »		
PROVINCE D'AMBOSITRA															
Ambositra	normal	1	»	»	1 2	» »	M. P. F.	française. indigène.	»	»		30	»	5	20
	professionnel	2	»	»	1 6	» »	M. P. F.	française. indigène.	1	»	française.	35	»		
PROVINCE DES BETSIMISARAKA DU SUD															
[illegible]	normal	1	»	»	1	»		anglaise	»	»		15	»	1	1
PROVINCE DE MAROANTSETRA															
Maroantsetra		»	»	»	»	»			»	»		»	»	1	4
PROVINCE DE L'ITASY															
Miarinarivo		»	»	»	»	»		»	»	»		»	»	2	9
PROVINCE D'ANALALAVA															
Analalava		»	»	»	»	»		»	»	»		»	»	2	13
TOTAUX		19	4	5	55	20			10	2		1,090	335	44	180

N° 20 — STATISTIQUES DE L'INSTRUCTION PUBLIQUE ENSEIGNEMENT PRIMAIRE ANNÉE 1906 (ÉCOLES INDIGÈNES)

LOCALITÉS	OFFICIEL												LIBRE																TOTAUX GÉNÉRAUX		
	Nombre d'écoles			Nombre de professeurs				Nombre d'élèves		Totaux			Nombre d'écoles			Nombre de professeurs							Nombre d'élèves		Totaux						
				Hommes		Femmes										Laïques				Congréganistes											
	Garçons	Filles	Mixtes	Européens	Indigènes	Européennes	Indigènes	Garçons	Filles	Écoles	Professeurs	Élèves	Garçons	Filles	Mixtes	Hommes	Femmes	Qualité	Nationalité	Hommes	Femmes	Nationalité	Garçons	Filles	Écoles	Professeurs	Élèves		Nombre d'écoles	Nombre de professeurs	Nombre d'élèves
PROVINCE DE TANANARIVE																															
....	3	2	2	»	15	»	3	958	175	7	18	1.132	11	10	3	3 80 » »	» » 5 62	1 M.A. 2 M.P.F. 1 M.A. 1 L.M.S. 2 M.P.F. 1 F.F.M.A.	françaises indigènes 1 canadienne 2 anglaises 2 françaises indigènes	25	25	française	2.405	2.584	25	200	5.083		31	218	6.215
....	»	»	1	»	1	»	1	31	20	1	2	51	»	»	»	»	»			»	»		»	»	»	»	»		1	2	51
....	»	»	1	»	1	»	1	57	30	1	2	87	»	»	»	»	»			»	»		»	»	»	»	»		1	2	87
....	»	»	1	»	1	»	1	34	27	1	2	61	»	»	»	»	»			»	»		»	»	»	»	»		1	2	61
....	»	»	1	»	1	»	1	78	51	1	2	129	»	»	»	»	»			»	»		»	»	»	»	»		1	2	129
....	»	»	1	»	1	»	1	45	28	1	2	73	»	»	»	»	»			»	»		»	»	»	»	»		1	2	73
....	»	»	1	»	1	»	1	38	12	1	2	50	»	»	1	2	»		indigène	»	»		36	26	1	2	62		2	4	112
....	»	»	1	»	1	»	»	40	17	1	1	57	»	»	»	»	»			»	»		»	»	»	»	»		1	1	57
....	»	»	1	»	1	»	1	39	9	1	2	48	»	»	»	»	»			»	»		»	»	»	»	»		1	2	48
....	»	»	1	»	1	»	1	38	13	1	2	51	»	»	»	»	»			»	»		»	»	»	»	»		1	2	51
....	»	»	»	»	»	»	»	»	»	»	»	»	»	»	1	2	»		indigène	»	»		22	33	1	2	55		1	2	55
....	»	»	»	»	»	»	»	»	»	»	»	»	»	»	2	2	2		—	»	»		47	31	2	4	78		2	4	78
....	»	»	1	»	1	»	1	60	40	1	2	100	»	»	»	»	»			»	»		»	»	»	»	»		1	2	100
....	»	»	1	»	1	»	1	118	92	1	2	210	»	»	»	»	»			»	»		»	»	»	»	»		1	2	210
....	»	»	»	»	»	»	»	»	»	»	»	»	»	»	1	1	1		indigène	»	»		35	22	1	2	57		1	2	57
....	»	»	»	»	»	»	»	»	»	»	»	»	»	»	1	1	1			»	»		34	29	1	2	63		1	2	63
A reporter.........	3	2	13	»	24	»	11	1.520	513	18	30	2.030	11	10	9	91	71			25	25		2.609	2.719	30	212	5.388		48	251	7.427

N° 20 — STATISTIQUES DE L'INSTRUCTION PUBLIQUE. ENSEIGNEMENT PRIMAIRE ANNÉE 1906 (ÉCOLES INDIGÈNES)

LOCALITÉS	Officielle – Nombre d'écoles: Garçons	Filles	Mixtes	Nombre d'instituteurs – Français: [illegible]	Français: [illegible]	Indigènes: [illegible]	Indigènes: [illegible]	Nombre d'élèves: Garçons	Filles	[illegible]	[illegible]	[illegible]	Privée – Nombre d'écoles: Garçons	Filles	Mixtes	Laïques: Hommes	Femmes	Qualité	Nationalité	Congréganistes: Hommes	Femmes	Nationalité	Nombre d'élèves: Garçons	Filles	[illegible]	[illegible]	[illegible]	[illegible]
Report	3	2	13	»	26	»	13	1 526	513	18	30	2.030	11	10	9	91	71			25	25		2.609	2.719	30	212	3.300	16
[illegible]	»	»	»	»	»	»	»	»	»	»	»	»	»	»	1	1	1		indigène	»	»		32	14	1	2	46	1
[illegible]	»	»	1	»	1	»	1	155	95	1	2	250	»	»	»	»	»			»	»		»	»	»	»	»	1
[illegible]	»	»	»	»	»	»	»	»	»	»	»	»	»	»	1	1	»		indigène	»	»		18	14	1	1	32	1
[illegible]	»	»	»	»	»	»	»	»	»	»	»	»	»	»	1	1	»			»	»		62	4	1	1	66	1
[illegible]	»	»	1	»	1	»	1	185	104	1	2	289	»	»	»	»	»			»	»		»	»	»	»	»	1
[illegible]	»	»	1	»	1	»	1	145	73	1	2	218	»	»	»	»	»			»	»		»	»	»	»	»	1
[illegible]	»	»	1	»	1	»	1	150	60	1	2	210	»	»	»	»	»			»	»		»	»	»	»	»	1
[illegible]	»	»	1	»	1	»	»	46	24	1	1	70	»	»	»	»	»			»	»		»	»	»	»	»	1
[illegible]	»	»	1	»	1	»	1	50	14	1	2	65	»	»	2	2	2		indigène	»	»		119	45	2	4	102	3
[illegible]	»	»	»	»	»	»	»	»	»	»	»	»	»	»	1	1			—	»	»		38	10	1	1	48	1
[illegible]	»	»	»	»	»	»	»	»	»	»	»	»	1	1	1	2	1		—	»	»		73	58	3	3	127	3
[illegible]	»	»	»	»	»	»	»	»	»	»	»	»	»	»	1	1	»		—	»	»		41	30	1	1	71	1
[illegible]	»	»	»	»	»	»	»	»	»	»	»	»	»	»	1	1	»		—	»	»		59	37	1	1	47	1
[illegible]	»	»	»	»	»	»	»	»	»	»	»	»	»	»	1	2	»		—	»	»		50	25	1	2	74	1
[illegible]	»	»	1	»	1	»	»	71	17	1	1	88	»	»	»	»	»			»	»		»	»	»	»	»	1
[illegible]	»	»	1	»	1	»	»	50	20	1	1	70	»	»	1	1	»		indigène	»	»		52	24	1	1	76	2
[illegible]	»	»	1	»	1	»	»	56	18	1	1	74	»	»	»	»	»			»	»		»	»	»	»	»	1
[illegible]	»	»	»	»	»	»	»	»	»	»	»	»	»	»	1	1	»		indigène	»	»		11	17	1	1	28	1
[illegible]	»	»	»	»	»	»	»	»	»	»	»	»	»	»	1	1	»		—	»	»		33	10	1	1	43	1
[illegible]	»	»	»	»	»	»	»	»	»	»	»	»	»	»	1	1	»		—	»	»		20	14	1	1	34	1
[illegible]	»	»	»	»	»	»	»	»	»	»	»	»	»	»	»	»	»			»	»		»	»	»	»	»	1
[illegible]	»	»	1	»	1	»	»	62	21	1	1	83	»	»	1	1	»		indigène	»	»		58	12	1	1	60	1
[illegible]	»	»	»	»	»	»	»	»	»	»	»	»	»	»	»	»	»			»	»		»	»	»	»	»	»
A reporter	3	2	23	»	36	»	18	2.585	959	28	54	3.455	12	11	24	109	75			25	25		3.757	3.032	48	234	6.300	76

N° 20 — STATISTIQUES DE L'INSTRUCTION PUBLIQUE. ENSEIGNEMENT PRIMAIRE ANNÉE 1906 (ÉCOLES INDIGÈNES

LOCALITÉS	Officiel — Nombre d'écoles — Garçons	Officiel — Nombre d'écoles — Filles	Officiel — Nombre d'écoles — Mixtes	Officiel — Personnel — Hommes — Européens ou assimilés	Officiel — Personnel — Hommes — Indigènes	Officiel — Personnel — Femmes — Européennes ou assimilées	Officiel — Personnel — Femmes — Indigènes	Officiel — Nombre d'élèves — Garçons	Officiel — Nombre d'élèves — Filles	Officiel — [illegible] — Écoles	Officiel — [illegible] — Professeurs	Officiel — [illegible] — Élèves	Libre — Nombre d'écoles — Garçons	Libre — Nombre d'écoles — Filles	Libre — Nombre d'écoles — Mixtes	Libre — Personnel — Hommes	Libre — Personnel — Femmes	Libre — Laïques — Qualité	Libre — Laïques — Nationalité	Libre — Congréganistes — Hommes	Libre — Congréganistes — Femmes	Libre — Congréganistes — Nationalité	Libre — Nombre d'élèves — Garçons	Libre — Nombre d'élèves — Filles	Libre — Totaux — Écoles	Libre — Totaux — Professeurs	Libre — Totaux — Élèves	Totaux généraux — Nombre d'écoles	Totaux généraux — Nombre de professeurs	Totaux généraux — Nombre d'élèves
Report	3	2	23	»	46	»	18	1.486	960	26	54	3.455	12	11	23	109	75			25	25		3.147	3.032	48	235	6.389	76	246	9.844
	»	»	»	»	»	»	»	»	»	»	»	»	»	»	1	1	»		Indigène	»	»		41	11	1	4	52	4	1	52
	»	»	»	»	»	»	»	»	»	»	»	»	»	»	1	1	»		—	»	»		30	23	1	1	53	1	1	53
	»	»	1	»	1	»	1	54	9	1	2	63	»	»	2	3	1		—	»	»		61	43	2	5	104	3	6	167
	»	»	1	»	1	»	1	75	35	1	2	110	»	»	»	»	»			»	»		»	»	»	»	»	1	2	110
	»	»	»	»	»	»	»	»	»	»	»	»	»	»	1	1	»		Indigène	»	»		45	17	1	1	62	1	1	62
…ata	»	»	1	»	1	»	»	38	18	1	1	56	»	»	2	2	»		—	»	»		52	34	2	2	86	3	3	142
	»	»	»	»	»	»	»	»	»	»	»	»	»	»	1	1	»		—	»	»		45	16	1	1	61	1	1	61
…ley	»	»	»	»	»	»	»	»	»	»	»	»	»	»	1	1	»		—	»	»		50	27	1	1	77	1	1	77
	»	»	1	»	1	»	»	66	13	1	1	79	»	»	2	2	»		—	»	»		27	31	2	2	58	3	3	137
…y	»	»	»	»	»	»	»	»	»	»	»	»	»	»	1	1	»		—	»	»		50	40	1	1	90	1	1	90
	»	»	»	»	»	»	»	»	»	»	»	»	»	»	1	1	»		—	»	»		32	19	1	1	51	1	1	51
	»	»	1	»	1	»	1	46	23	1	2	69	»	»	»	»	»			»	»		»	»	»	»	»	1	2	69
…na	»	»	»	»	»	»	»	»	»	»	»	»	»	»	1	1	»		Indigène	»	»		24	32	1	1	56	1	1	56
…n	»	»	1	»	1	»	1	41	32	1	2	73	»	»	»	»	»			»	»		»	»	»	»	»	1	2	73
	»	»	1	»	1	»	»	24	17	1	1	41	»	»	»	»	»			»	»		»	»	»	»	»	1	1	41
…an	»	»	1	»	1	»	1	40	25	1	2	65	»	»	»	»	»			»	»		»	»	»	»	»	1	2	65
…rano	»	»	1	»	1	»	1	40	20	1	2	60	»	»	»	»	»			»	»		»	»	»	»	»	1	2	60
	»	»	1	»	1	»	1	42	21	1	2	63	»	»	»	»	»			»	»		»	»	»	»	»	1	2	63
…akely	»	»	1	»	1	»	»	78	31	1	1	109	»	»	»	»	»			»	»		»	»	»	»	»	1	1	109
	»	»	»	»	»	»	»	»	»	»	»	»	1	1	3	2	2		Indigène	»	3	Français	68	52	5	7	120	5	7	120
…jeka	»	»	»	»	»	»	»	»	»	»	»	»	»	»	1	1	»		—	»	»		25	15	1	1	40	1	1	40
	»	»	»	»	»	»	»	»	»	»	»	»	1	1	»	2	1			»	»		70	30	2	3	100	2	3	100
A reporter	8	2	35	»	47	»	20	3.090	1.213	39	72	4.293	15	18	42	129	79			25	28		3.941	3.390	63	261	7.331	108	333	11 [illegible]

N° 20 — STATISTIQUES DE L'INSTRUCTION PUBLIQUE. ENSEIGNEMENT PRIMAIRE ANNÉE 1906 (ÉCOLES INDIGÈNES)

LOCALITÉS	OFFICIEL												LIBRE																TOTAUX	
	Nombre d'écoles			Nombre de professeurs				Nombre d'élèves		Totaux			Nombre d'écoles			Nombre de professeurs								Nombre d'élèves		Totaux				
				Hommes		Femmes										Laïques				Congréganistes										
	Garçons	Filles	Mixtes	Européens ou assimilés	Indigènes	Européennes ou assimilées	Indigènes	Garçons	Filles	Écoles	Professeurs	Élèves	Garçons	Filles	Mixtes	Hommes	Femmes	Culte	Nationalité	Hommes	Femmes	Nationalité		Garçons	Filles	Écoles	Professeurs	Élèves		
Report	3	2	35	»	57	»	25	5.030	1.214	30	72	5.253	15	13	52	120	70			25	28			3.901	3.490	69	201	7.351	108	
Ambohitrimanarivo	»	»	»	»	»	»	»	»	»	»	»	»	»	»	1	1	»		indigène	»	»			47	31	1	1	78	1	
Fenoarivo	»	»	»	»	»	»	»	»	»	»	»	»	»	»	1	1	»			»	»			56	28	1	1	82	1	
Antanamalaza	»	»	»	»	»	»	»	»	»	»	»	»	»	»	1	1	»		—	»				32	18	1	1	50	1	
Ambohibeloma	»	»	»	»	»	»	»	»	»	»	»	»	1	1	1	» / 3	1 / 1	M. P. F.	française / indigène	»	»			52	58	3	5	110	3	
Ambohidrianovola	»	»	»	»	»	»	»	»	»	»	»	»	»	»	1	1	»		—	»	»			5	7	1	1	12	1	
Bemasoandro	»	»	»	»	»	»	»	»	»	»	»	»	»	»	1	1	»		—	»	»			41	40	1	1	81	1	
Mahalo	»	»	»	»	»	»	»	»	»	»	»	»	»	»	1	1	»		—	»	»			54	35	1	1	89	1	
Ankadinandriana	»	»	»	»	»	»	»	»	»	»	»	»	»	»	1	1	»		—	»	»			42	23	1	1	65	1	
Tsaramasoandro	»	»	»	»	»	»	»	»	»	»	»	»	1	1	»	3 / »	2 / 2	F. F. M. A.	— / française, anglaise	»	»			73	58	2	7	131	2	
Antsampanimahazo	»	»	»	»	»	»	»	»	»	»	»	»	»	»	1	1	»		indigène	»	»			60	22	1	1	82	1	
Ambohikianona	»	»	»	»	»	»	»	»	»	»	»	»	»	»	1	1	»			»	»			21	16	1	1	37	1	
Fenoarivo	»	»	»	»	»	»	»	»	»	»	»	»	»	»	1	1	»		—	»	»			50	38	1	1	88	1	
Ankavitra	»	»	»	»	»	»	»	»	»	»	»	»	»	»	1	»	1			»	»			30	21	1	1	51	1	
Ambohipiainana	»	»	»	»	»	»	»	»	»	»	»	»	»	»	1	1	»		—	»	»			23	12	1	1	35	1	
Manarano	»	»	»	»	»	»	»	»	»	»	»	»	»	»	1	1	»		—	»	»			39	21	1	1	60	1	
Belenjy	»	»	1	»	1	»	1	40	25	1	2	60	»	»	»	»	»			»	»			»	»	»	»	»	1	
Andrevakely	»	»	1	»	1	»	1	31	25	1	2	76	»	»	»	»	»			»	»			»	»	»	»	»	1	
Andranonahoatra	»	»	1	»	1	»	1	43	34	1	2	77	»	»	»	»	»			»	»			»	»	»	»	»	1	
	»	»	1	»	1	»	1	45	17	1	2	62	»	»	»	»	»			»	»			»	»	»	»	»	1	
	»	»	1	»	1	»	1	72	23	1	2	95	»	»	»	»	»			»	»			»	»	»	»	»	1	
A reporter	3	2	39	»	52	»	30	3.307	3.335	44	82	6.642	16	15	56	157	86			25	28			4.565	3.918	87	206	8.502	131	13[illegible]

N° 20 — STATISTIQUES DE L'INSTRUCTION PUBLIQUE, ENSEIGNEMENT PRIMAIRE ANNÉE 1906 (ÉCOLES INDIGÈNES)

LOCALITÉS	OFFICIEL — Nombre d'écoles — Garçons	Filles	Mixtes	Nombre d'instituteurs laïques — Hommes — Européens ou créoles	Indigènes	Femmes — Européennes ou créoles	Indigènes	Nombre d'élèves — Garçons	Filles	Totaux — Écoles	Professeurs	Élèves	LIBRE — Nombre d'écoles — Garçons	Filles	Mixtes	Nombre de professeurs — Laïques — Hommes	Femmes	Qualité	Nationalité	Congréganistes — Hommes	Femmes	Nationalité	Nombre d'élèves — Garçons	Filles	Totaux — Écoles	Professeurs	Élèves	TOTAUX GÉNÉRAUX — Nombre d'écoles	Nombre de professeurs	Nombre d'élèves
Report	3	2	70	»	52	»	30	3.307	1.335	44	82	4.642	10	15	56	147	80			25	28		4.585	3.818	87	280	8.403	131	450	13.045
…	»	»	1	»	1	»	»	59	37	1	1	96	»	»	»	»	»			»	»		»	»	»	»	»	1	1	96
…rena	»	»	1	»	1	»	»	51	27	1	1	78	»	»	»	»	»			»	»		»	»	»	»	»	1	1	78
…ntsjaka	»	»	1	»	1	»	1	47	23	1	2	70	»	»	»	»	»			»	»		»	»	»	»	»	1	2	70
…driana	»	»	1	»	1	»	1	68	30	1	2	98	»	»	»	»	»			»	»		»	»	»	»	»	1	2	98
…	»	»	1	»	1	»	»	53	20	1	1	73	»	»	»	»	»			»	»		»	»	»	»	»	1	1	73
…mpandrana	»	»	1	»	1	»	1	50	21	1	2	71	»	»	»	»	»			»	»		»	»	»	»	»	1	2	71
…rina	»	»	1	»	1	»	»	55	30	1	1	85	»	»	»	»	»			»	»		»	»	»	»	»	1	1	85
…	»	»	»	»	»	»	»	»	»	»	»	»	»	»	1	1	»		indigène.	»	»		30	15	1	1	45	1	1	45
…aakely	»	»	»	»	»	»	»	»	»	»	»	»	»	»	1	1	»		—	»	»		15	12	1	1	27	1	1	27
…	»	»	»	»	»	»	»	»	»	»	»	»	»	»	1	1	»		—	»	»		35	15	1	1	50	1	1	50
…mijaka	»	»	»	»	»	»	»	»	»	»	»	»	»	»	1	1	»		—	»	»		18	12	1	1	30	1	1	30
…	»	»	»	»	»	»	»	»	»	»	»	»	»	»	1	1	»		—	»	»		10	12	1	1	22	1	1	22
…	»	»	»	»	»	»	»	»	»	»	»	»	»	»	3	2	1		—	»	»		65	42	2	2	107	2	2	107
…	»	»	»	»	»	»	»	»	»	»	»	»	»	»	1	1	1		—	»	»		45	25	1	2	70	1	2	70
…ra	»	»	»	»	»	»	»	»	»	»	»	»	»	»	1	1	»		—	»	»		25	15	1	1	40	1	1	40
…-Ambohimana	»	»	»	»	»	»	»	»	»	»	»	»	»	»	1	1	»		—	»	»		21	15	1	1	36	1	1	36
…	»	»	»	»	»	»	»	»	»	»	»	»	»	»	1	1	»		—	»	»		20	20	1	1	40	1	1	40
…ta	»	»	»	»	»	»	»	»	»	»	»	»	»	»	1	1	»		—	»	»		28	17	1	1	45	1	1	45
…	»	»	»	»	»	»	»	»	»	»	»	»	»	»	1	1	»		—	»	»		20	15	1	1	35	1	1	35
…na	»	»	»	»	»	»	»	»	»	»	»	»	»	»	1	1	»		—	»	»		24	17	1	1	41	1	1	41
…ka	»	»	»	»	»	»	»	»	»	»	»	»	»	»	1	1	»		—	»	»		26	10	1	1	36	1	1	36
…	»	»	»	»	»	»	»	»	»	»	»	»	1	1	»	1	1			»	»		65	33	2	2	98	2	2	98
…na	»	»	»	»	»	»	»	»	»	»	»	»	»	»	1	1	»		—	»	»		71	28	1	1	99	1	1	99
A reporter	3	2	56	»	59	»	33	3.690	1.523	51	92	5.213	17	30	72	165	88			25	28		5.131	4.130	105	365	9.261	158	479	14.473

N° 20 — STATISTIQUES DE L'INSTRUCTION PUBLIQUE, ENSEIGNEMENT PRIMAIRE ANNÉE 1906 ÉCOLES INDIGÈNES.

OFFICIEL

LOCALITÉS	Nombre d'écoles: Garçons	Filles	Mixtes	Hommes: Européens	Indigènes	Femmes: Européennes	Indigènes	Nombre d'élèves: Garçons	Filles	[illegible]	[illegible]	Élèves
Report	3	2	46	»	39	»	43	3.690	1.528	51	92	5.212
Ab-[illegible]	»	»	»	»	»	»	»	»	»	»	»	»
Antsoreoka-Ankadivorilo	»	»	»	»	»	»	»	»	»	»	»	»
Ambatorio	»	»	1	»	2	»	1	106	55	1	3	155
Antsakafilo	»	»	1	»	1	»	1	58	32	1	2	85
Ambohibao-sud	»	»	1	»	1	»	1	45	29	1	2	73
Mahavitaro	»	»	1	»	1	»	1	37	17	1	2	54
Mariavarantra	»	»	1	»	1	»	1	22	26	1	2	48
Bakalevoaka	»	»	1	»	1		»	67	43	1	1	110
Antsahy Amindrananga	»	»	»	»	»	»	»	»	»	»		»
Ambohitany	»	»	»	»	»	»	»	»	»	»	»	»
Masombahiny	»	»	»		»	»	»	»	»	»	»	»
Masindrandriana et Manaury	»	»	»	»	»	»	»	»	»	»		»
Ambohidanana	»	»	1	»	1	»	1	78	30	1	2	108
Manandriana	»	»	»	»	»		»	»	»	»	»	»
Mahatony	»	»	1	»	1	»	1	43	29	1	2	72
Andraisoro	»	»	»	»	»	»	»	»	»	»	»	»
Ankadibolatsiho	»	»	»	»	»	»	»	»	»	»	»	»
Ambohidrano	»	»	»	»	»	»	»	»	»		»	»
Ambohitsoaloalahy	»	»	1	»	1	»	1	30	36	1	2	73
Ankorombe	»	»	1	»	1	»	1	51	24	1	2	75
Ambohidrabiby	»	»	1	»	1	»	1	31	14	1	2	55
Ankadivoribe	»	»	1	»	1	»	1	63	23	1	2	86
A reporter	3	2	58	»	72	»	56	4.307	1.881	64	116	6.038

LIBRE

LOCALITÉS	Nombre d'écoles: Garçons	Filles	Mixtes	Nombre de maîtres: Hommes	Femmes	Laïques: Qualité	Nationalité	Congréganistes: Hommes	Femmes	Nationalité	Nombre d'élèves: Garçons	Filles	[illegible]	[illegible]	Élèves	TOTAUX: Nombre d'écoles	[illegible]
Report	17	16	72	165	88			25	28		5.131	4.130	165	305	9.261	136	[illegible]
Ab-[illegible]	»	»	1	1	»		indigène.	»	»		21	15	1	1	36	1	
Antsoreoka-Ankadivorilo	»	»	1	2	»			»	»		78	80	1	2	114	1	
Ambatorio	»	»	»	»	»			»	»		»	»	»	»	»	1	
Antsakafilo		»	»	»	»			»	»		»	»	»	»	»	1	
Ambohibao-sud		»	»	»	»			»	»		»	»	»	»	»	1	
Mahavitaro	»	»	»	»	»			»	»		»	»	»	»	»	1	
Mariavarantra	»	»	»	»	»			»	»		»	»	»	»	»	1	
Bakalevoaka	»	»	»	»				»	»		»	»	»	»	»	1	
Antsahy Amindrananga	1	1		7	1		indigène.	»	»		158	93	2	8	241	2	
Ambohitany	»		1	2	»			»	»		20	17	1	2	37	1	
Masombahiny		»	1	1	1			»	»		32	58	1	2	90	1	
Masindrandriana et Manaury		»	1	3	1			»	»		45	85	1	4	80	1	
Ambohidanana	»	»	»	»	»			»	»		»	»	»	»	»	1	
Manandriana	»	»	1	1	»		indigène.	»	»		35	65	1	1	100	1	
Mahatony	»	»	»	»				»	»		»	»	»	»	»	1	
Andraisoro	»	»	1	8	»		indigène.	»	»		90	36	1	3	126	1	
Ankadibolatsiho	»	»	1	1	»			»	»		19	20	1	1	39	1	
Ambohidrano	»		1	1	»			»	»		14	16	1	1	30	1	
Ambohitsoaloalahy	»	»	1	5	»			»	»		118	70	1	6	188	2	
Ankorombe	»	»	»	»	»			»	»		»	»	»	»	»	1	
Ambohidrabiby	»	»		»	»			»	»		»	»	»	»	»	1	
Ankadivoribe	»	»	»	»	»			»	»		»	»	»	»	»	1	
A reporter	18	17	82	193	91			25	28		5.671	4.374	117	330	10.345	180	[illegible]

N° 20 — STATISTIQUES DE L'INSTRUCTION PUBLIQUE ENSEIGNEMENT PRIMAIRE ANNÉE 1906 (ÉCOLES INDIGÈNES)

LOCALITÉS	OFFICIEL — Nombre d'écoles — Garçons	Filles	Mixtes	Nombre de professeurs laïcs — Hommes — Européens	Indigènes	Femmes — Européennes	Indigènes	Nombre d'élèves — Garçons	Filles	Totaux — Écoles	Professeurs	Élèves
Report	3	2	58	»	72	»	55	3.307	1.881	63	116	6.088
[illegible]	»	»	1	»	2	»	1	48	27	1	3	75
[illegible]	»	»	»	»	»	»	»	»	»	»	»	»
[illegible]	»	»	»	»	»	»	»	»	»	»	»	»
[illegible]	»	»	»	»	»	»	»	»	»	»	»	»
[illegible]	»	»	»	»	»	»	»	»	»	»	»	»
[illegible]	»	»	»	»	»	»	»	»	»	»	»	»
[illegible]	»	»	»	»	»	»	»	»	»	»	»	»
[illegible]	»	»	»	»	»	»	»	»	»	»	»	»
[illegible]	»	»	1	»	1	»	1	76	54	1	2	130
[illegible]	»	»	1	»	1	»	1	49	35	1	2	84
[illegible]	»	»	1	»	1	»	1	70	55	1	3	125
[illegible]	»	»	1	»	1	»	1	60	30	1	2	90
[illegible]	»	»	1	»	2	»	1	77	44	1	3	121
[illegible]	»	»	»	»	»	»	»	»	»	»	»	»
[illegible]	»	»	»	»	»	»	»	»	»	»	»	»
[illegible]	»	»	»	»	»	»	»	»	»	»	»	»
[illegible]	»	»	»	»	»	»	»	»	»	»	»	»
[illegible]	»	»	»	»	»	»	»	»	»	»	»	»
[illegible]	»	»	»	»	»	»	»	»	»	»	»	»
[illegible]	»	»	»	»	»	»	»	»	»	»	»	»
[illegible]	»	»	»	»	»	»	»	»	»	»	»	»
[illegible]	»	»	»	»	»	»	»	»	»	»	»	»
[illegible]	»	»	»	»	»	»	»	»	»	»	»	»
A reporter	3	2	64	»	80	»	59	4.094	2.113	69	130	6.807

LOCALITÉS	LIBRE — Nombre d'écoles — Garçons	Filles	Mixtes	Nombre de professeurs — Laïques — Hommes	Femmes	Qualité	Nationalité	Congréganistes — Hommes	Femmes	Nationalité	Nombre d'élèves — Garçons	Filles	Totaux — Écoles	Professeurs	Élèves	TOTAUX GÉNÉRAUX — Nombre d'écoles	Nombre de professeurs	Nombre d'élèves
Report	18	17	82	193	91			25	28		5.671	4.574	117	336	10.555	180	562	13.221
[illegible]	»	»	»	»	»			»	»		»	»	»	»	»	1	3	75
[illegible]	»	»	1	1	1		indigène.	»	»		44	17	1	2	61	1	2	61
[illegible]	»	»	1	4	1		—	»	»		108	106	1	5	215	1	5	215
[illegible]	»	»	1	1	»		—	»	»		35	17	1	1	52	1	1	52
[illegible]	»	»	1	1	1		—	»	»		37	15	1	2	52	1	2	52
[illegible]	»	»	1	3	1		—	»	»		96	61	1	4	157	1	4	157
[illegible]	»	»	1	1	1		—	»	»		53	32	1	2	85	1	2	85
[illegible]	»	»	1	4	»		—	1	»		87	48	1	5	135	1	5	135
[illegible]	»	»	»	»	»			»	»		»	»	»	»	»	1	2	130
[illegible]	»	»	»	»	»			»	»		»	»	»	»	»	1	2	84
[illegible]	»	»	1	1	»		indigène.	»	»		34	25	1	1	59	2	3	184
[illegible]	»	»	»	»	»			»	»		»	»	»	»	»	1	2	90
[illegible]	»	»	»	»	»			»	»		»	»	»	»	»	1	3	121
[illegible]	1	1	»	6	»		indigène.	»	»		70	54	2	6	124	2	6	124
[illegible]	»	»	1	4	2		—	»	»		155	104	1	6	259	1	6	259
[illegible]	1	1	1	2	1		—	»	»		90	45	3	3	135	3	3	135
[illegible]	»	»	1	1	1		—	»	»		39	35	1	2	74	1	2	74
[illegible]	»	»	1	1	»		—	»	»		51	36	1	1	87	1	1	87
[illegible]	1	»	2	6	2		—	»	»		153	101	2	8	254	2	8	254
[illegible]	»	»	1	1	»		—	»	»		20	10	1	1	30	1	1	30
[illegible]	»	»	1	2	»		—	»	»		50	38	1	2	88	1	2	88
[illegible]	»	»	1	1	»		—	»	»		37	44	1	1	81	1	1	81
[illegible]	»	»	2	2	1		—	»	»		66	45	2	3	111	2	3	111
A reporter	20	19	101	234	102			25	28		6.857	5.405	150	389	12.062	209	519	19.171

N° 20 — STATISTIQUES DE L'INSTRUCTION PUBLIQUE. ENSEIGNEMENT PRIMAIRE ANNÉE 1906 ÉCOLES INDIGÈNES

LOCALITÉS	OFFICIELLES											
	[illegible]			[illegible]				[illegible]		[illegible]		
				Hommes		Femmes						
	Garçons	Filles	Mixtes	[illegible]	Indigènes	[illegible]	Indigènes	Garçons	Filles	[illegible]	[illegible]	[illegible]
Report	1	2	45	»	80	»	50	4.695	2.116	66	130	6.830
[illegible]	»	»	»	»	»	»	»	»	»	»	»	»
[illegible]	»	»	1	»	1	»	1	73	30	1	2	103
[illegible]	»	»	1	»	1	»	1	75	32	1	2	107
[illegible]	»	»	1	1	1	»	1	8	3	1	2	11
[illegible]	»	»	»	»	»	»	»	»	»	»	»	»
[illegible]	»	»	»	»	»	»	»	»	»	»	»	»
[illegible]	»	»	1	»	1	»	1	54	38	1	2	92
[illegible]	»	»	1	»	1	»	1	68	17	1	2	85
[illegible]	»	»	1	»	1	»	1	73	50	1	2	123
[illegible]	»	»	1	»	1	»	1	49	21	1	2	70
[illegible]	»	»	1	»	1	»	1	37	14	1	2	51
[illegible]	»	»	1	»	»	»	»	30	15	1	1	45
[illegible]	»	»	»	»	»	»	»	»	»	»	»	»
[illegible]	»	»	»	»	»	»	»	»	»	»	»	»
[illegible]	»	»	1	»	1	»	»	80	37	1	1	117
[illegible]	»	»	1	»	1	»	1	63	34	1	2	97
[illegible]	»	»	1	»	1	»	»	52	29	1	1	81
[illegible]	»	»	1	»	1	»	»	79	37	1	1	116
[illegible]	»	»	1	»	1	»	1	58	38	1	2	96
[illegible]	»	»	1	»	1	»	1	68	51	1	2	119
[illegible]	»	»	1	»	1	»	1	47	29	1	2	76
[illegible]	»	»	1	»	1	»	1	39	41	1	2	80
[illegible]	»	»	1	»	1	»	1	29	18	1	2	47
A reporter	1	2	65	»	98	»	64	5.665	2.640	87	152	8.314

LOCALITÉS	LIBRES														
	[illegible]			[illegible]							[illegible]		[illegible]		
				Laïques				Congréganistes							
	Garçons	Filles	Mixtes	Hommes	Femmes	[illegible]	Nationalité	Hommes	Femmes	Nationalité	Garçons	Filles	[illegible]	[illegible]	[illegible]
Report	20	10	101	235	102			25	28		6.857	5.405	140	380	12.302
[illegible]	»	»	1	1	»		Indigène.	»	»		25	23	1	1	48
[illegible]	»	»	»	»	»			»	»		»	»	»	»	»
[illegible]	»	»	»	1	»			»	»		»	5	»	»	»
[illegible]	»	»	1	1	»		indigène.	»	»		61	53	1	1	114
[illegible]	1	1	1	9	2		—	»	»		144	90	3	»	234
[illegible]	»	»	1	1	»		—	»	»		35	45	1	1	80
[illegible]	»	»	»	»	»			»	»		»	»	»	»	»
[illegible]	»	»	»	»	»			»	»		»	»	»	»	»
[illegible]	»	»	»	»	»			»	»		»	»	»	»	»
[illegible]	»	»	»	»	»			»	»		»	»	»	»	»
[illegible]	»	»	»	»	»			»	»		»	»	»	»	»
[illegible]	»	»	»	»	»			»	»		»	»	»	»	»
[illegible]	»	»	»	»	»			»	»		»	»	»	»	»
[illegible]	»	»	1	1	1		Indigène.	»	»		52	23	1	2	75
[illegible]	»	»	1	1	»		—	»	»		25	16	1	1	41
[illegible]	»	»	»	»	»			»	»		»	»	»	»	»
[illegible]	»	»	»	»	»			»	»		»	»	»	»	»
[illegible]	»	»	»	»	»			»	»		»	»	»	»	»
[illegible]	»	»	»	»	»			»	»		»	»	»	»	»
[illegible]	»	»	»	»	»			»	»		»	»	»	»	»
[illegible]	»	»	»	»	»			»	»		»	»	»	»	»
[illegible]	»	»	»	»	»			»	»		»	»	»	»	»
[illegible]	»	»	»	»	»			»	»		»	»	»	»	»
[illegible]	»	»	»	»	»			»	»		»	»	»	»	»
A reporter	21	20	107	245	105			25	28		7.209	5.633	146	403	13.134

N° 20 — STATISTIQUES DE L'INSTRUCTION PUBLIQUE. ENSEIGNEMENT PRIMAIRE ANNÉE 1906 ÉCOLES INDIGÈNES

LOCALITÉS	OFFICIEL – Nombre d'écoles – Garçons	Filles	Mixtes	Nombre d'instituteurs laïques – Hommes – [illegible]	Indigènes	Femmes – [illegible]	Indigènes	Nombre d'élèves – Garçons	Filles	Totaux – Écoles	Instituteurs	Élèves	LIBRE – Nombre d'écoles – Garçons	Filles	Mixtes	Nombre de [illegible] – Laïques – Hommes	Femmes	[illegible]	Nationalité	Congréganistes – Hommes	Femmes	Nationalité	Nombre d'élèves – Garçons	Filles	Totaux – Écoles	Instituteurs	Élèves	TOTAUX GÉNÉRAUX – [illegible]	[illegible]	[illegible]
Report	3	2	81	»	98	»	04	5.065	2.650	87	152	8.315	21	20	107	245	105			25	28		7.209	[illegible]	148	403	13.154	[illegible]	[illegible]	20.209
[illegible]on	»	»	1	»	1	»	»	24	19	1	1	43	»	»	»	»	»			»	»		»	»	»		»	1	1	43
[illegible]anpika	»	»	»	»	»	»	»	»	»	»	»	»	»	»	1	1	»		Indigènes	»	»		39	22	1	1	61	1	1	61
[illegible]	»	»	»	»	»	»	»	»	»	»	»	»	1	1	»	1	1		—	»	»		25	21	2	2	46	2	2	46
[illegible]	»	»	»	»	»	»	»	»	»	»	»	»	»	»	1	1	»		—	»	»		20	13	1	1	33	1	1	33
[illegible]ina	»	»	»	»	»	»	»	»	»	»	»	»	»	»	1	1	»		—	»	»		14	12	1	1	26	1	1	26
[illegible]	»	»	»	»	»	»	»	»	»	»	»	»	2	1	»	4	4		—	»	»		69	40	3	8	109	3	8	109
[illegible]	»	»	»	»	»	»	»	»	»	»	»	»	1	»	»	1	»		—	»	»		30	17	1	1	47	1	1	37
[illegible]	»	»	»	»	»	»	»	»	»	»	»	»	1	»	»	2	»		—	»	»		20	15	1	2	35	1	2	35
[illegible]ty	»	»	»	»	»	»	»	»	»	»	»	»	1	»	»	3	»			»	»		28	10	1	3	38	1	3	38
[illegible]okam	»	»	»	»	»	»	»	»	»	»	»	»	1	»	»	1	»		—	»	»		11	4	1	1	15	1	1	15
[illegible]	»	»	»	»	»	»	»	»	»	»	»	»	1	»	»	1	»		—	»	»		10	3	1	1	19	1	1	19
[illegible]	»	»	»	»	»	»	»	»	»	»	»	»	2	»	»	2	»		—	»	»		39	16	2	2	55	2	2	55
DISTRICT AUTONOME D'ANKAZOBE																														
[illegible]	»	»	1	»	2	»	1	40	30	1	3	70	»	»	»	»	»			»	»		»	»	»	»	»	1	3	70
[illegible]y	»	»	1	»	1	»	»	63	38	1	1	101	»	»	»	»	»			»	»		»	»	»	»	»	1	1	101
[illegible]	»	»	1	»	1	»	»	37	27	1	1	64	»	»	»	»	»			»	»		»	»	»	»	»	1	1	64
[illegible]ana	»	»	1	»	1	»	1	72	29	1	2	101	»	»	»	»	»			»	»		»	»	»	»	»	1	2	101
[illegible]	»	»	1	»	[illegible]	»	»	52	28	1	1	80	»	»	»	»	»			»	»		»	»	»	»	»	1	1	80
[illegible]	»	»	1	»	1	»	1	51	19	1	2	70	»	»	»	»	»			»	»		»	»	»	»	»	1	2	70
[illegible]s	»	»	1	»	1	»	»	20	10	1	1	30	»	»	»	»	»			»	»		»	»	»	»	»	1	1	30
A reporter	3	2	90	»	107	»	67	6.025	2.850	96	176	8.874	31	22	110	253	110			25	28		7.600	5.013	163	426	13.666	258	600	22.332

N° 20 — STATISTIQUES DE L'INSTRUCTION PUBLIQUE. ENSEIGNEMENT PRIMAIRE ANNÉE 1906 (ÉCOLES INDIGÈNES).

OFFICIEL

LOCALITÉS	Nombre d'écoles: Garçons	Nombre d'écoles: Filles	Nombre d'écoles: Mixtes	Professeurs laïques, Hommes: Européens	Professeurs laïques, Hommes: Indigènes	Professeurs laïques, Femmes: Européennes	Professeurs laïques, Femmes: Indigènes	Nombre d'élèves: Garçons	Nombre d'élèves: Filles	Totaux: Écoles	Totaux: Professeurs	Totaux: Élèves
Report	3	2	92	–	107	»	67	6.023	2.840	95	178	8.874
[illegible]	»	»	1	»	1	»	1	26	21	1	2	47
[illegible]	»	»	1	»	1	»	1	27	26	1	2	54
[illegible]	»	»	1	»	1	»	1	44	27	1	1	71
[illegible]	»	»	1	»	1	»	1	44	19	1	2	63
[illegible]	»	»	1	»	1	»	1	38	42	1	2	80
[illegible]	»	»	1	»	1	»	»	54	43	1	1	97
[illegible]	»	»	1	»	1	»	»	32	10	1	1	42
[illegible]	»	»	»	»	»	»	»	»	»	»	»	»
[illegible]		»	»	»	»	»	»	»	»	»	»	»
Fihaonana	»	»	1	»	2	»	»	119	61	1	2	180
Ambatomainty	»	»	1	»	1	»	»	110	42	1	1	152
[illegible]	»	»	1	»	2	»	1	174	106	1	3	280
[illegible]	»	»	1	»	1	»	»	105	50	1	1	155
[illegible]	»	»	1	»	1	»	1	50	30	1	2	80
[illegible]	»	»	1	»	1	»	»	51	44	1	1	95
[illegible]	»	»	»	»	»	»	»	»	»	»	»	»
Mahavelona	»	»	1	»	1	»	1	120	48	1	2	168
PROVINCE DE L'ITASY												
Miarinarivo	»	»	1	»	1	»	1	33	»	1	2	33
Tsiroanomandidy	»	»	1	»	1	»	»	50	35	1	1	85
A reporter	3	2	106	»	123	»	76	7.111	3.442	111	199	10.553

LIBRE

LOCALITÉS	Nombre d'écoles: Garçons	Nombre d'écoles: Filles	Nombre d'écoles: Mixtes	Professeurs laïques: Hommes	Professeurs laïques: Femmes	Professeurs laïques: Qualité	Professeurs laïques: Nationalité	Congréganistes: Hommes	Congréganistes: Femmes	Congréganistes: Nationalité	Nombre d'élèves: Garçons	Nombre d'élèves: Filles	Totaux: Écoles	Totaux: Professeurs	Totaux: Élèves	JOURN[illegible]: Nombre d'écoles
Report	41	22	110	261	110			25	28		7.090	5.918	163	420	13.608	258
[illegible]	»	»	»	»	»			»	»		»	»	»	»	»	1
[illegible]	»	»	»	»	»			»	»		»	»	»	»	»	1
[illegible]	»	»	»	»	»			»	»		»	»	»	»	»	1
[illegible]	»	»	»	»	»			»	»		»	»	»	»	»	1
[illegible]	»	»	»	»	»			»	»		»	»	»	»	»	1
[illegible]	»	»	»	»	»			»	»		»	»	»	»	»	1
[illegible]	»	»	»	»	»			»	»		»	»	»	»	»	1
[illegible]	»	»	1	1	»		Indigène	»	»		14	15	1	1	29	1
[illegible]	»	»	1	1	»		—	»	»		18	5	1	1	23	1
Fihaonana	»	»	1	2	»			»	»		45	25	1	2	70	2
Ambatomainty	»	»	»	»	»			»	»		»	»	»	»	»	1
[illegible]	»	»	»	»	»			»	»		»	»	»	»	»	1
[illegible]	»	»	»	»	»			»	»		»	»	»	»	»	1
[illegible]	»	»	»	»	»			»	»		»	»	»	»	»	1
[illegible]	»	»	»	»	»			»	»		»	»	»	»	»	1
[illegible]	»	»	1	1	»		Indigène	»	»		25	15	1	1	40	1
Mahavelona	»	»	»	»	»			»	»		»	»	»	»	»	1
PROVINCE DE L'ITASY																
Miarinarivo	»	»	1	2	»		Indigène	»	»		80	70	1	2	150	2
Tsiroanomandidy	»	»	»	»	»			»	»		»	»	»	»	»	1
A reporter	31	22	115	270	110			25	28		7.365	5.607	168	433	13.980	279

N° 20 — STATISTIQUES DE L'INSTRUCTION PUBLIQUE. ENSEIGNEMENT PRIMAIRE ANNÉE 1906 ÉCOLES INDIGÈNES.

OFFICIEL

LOCALITÉS	Nombre d'écoles: Garçons	Filles	Mixtes	Maîtres, Hommes: Européens	Indigènes	Maîtres, Femmes: Européennes	Indigènes	Nombre d'élèves: Garçons	Filles	Totaux: [illegible]	[illegible]	Élèves
Report	3	2	106	»	125	»	75	7.111	3.352	111	100	10.5[illegible]
[illegible]	»	»	1	»	1	»	»	110	74	1	1	184
…oka	»	»	1	»	1	»	»	74	41	1	1	115
[illegible]	»	»	1	»	1	»	»	51	35	1	1	86
[illegible]	»	»	1	»	1	»	1	55	23	1	2	78
…aroua le	»	»	1	»	1	»	»	74	35	1	1	109
[illegible]	»	»	1	»	1	»	»	71	33	1	1	104
[illegible]	»	»	1	»	1	»	»	40	25	1	1	65
[illegible]	»	»	1	»	2	»	1	103	40	1	3	143
[illegible]	»	»	»	»	»	»	»	»	»	»	»	»
…indigènes	»	»	»	»	»	»	»	»	»	»	»	»
[illegible]	»	»	»	»	»	»	»	»	»	»	»	»
…oka	»	»	»	»	»	»	»	»	»	»	»	»
[illegible]	»	»	»	»	»	»	»	»	»	»	»	»
[illegible]	»	»	»	»	»	»	»	»	»	»	»	»
[illegible]	»	»	»	»	»	»	»	»	»	»	»	»
[illegible]	»	»	»	»	»	»	»	»	»	»	»	»
[illegible]	»	»	»	»	»	»	»	»	»	»	»	»
[illegible]	»	»	»	»	»	»	»	»	»	»	»	»
[illegible]	»	»	»	»	»	»	»	»	»	»	»	»
[illegible]	»	»	»	»	»	»	»	»	»	»	»	»
[illegible]	»	»	»	»	»	»	»	»	»	»	»	»
A reporter	3	2	114	»	134	»	76	7.680	3.752	119	210	11.422

LIBRE — **TOTAUX GÉNÉRAUX**

LOCALITÉS	Nombre d'écoles: Garçons	Filles	Mixtes	Laïques: Hommes	Femmes	Qualité	Nationalité	Congréganistes: Hommes	Femmes	Nationalité	Nombre d'élèves: Garçons	Filles	Totaux: [illegible]	[illegible]	Élèves	Totaux généraux: [illegible]	[illegible]	[illegible]
Report	31	22	115	270	110			25	28		7.785	5.997	168	433	13.960	279	612	24.[illegible]
[illegible]	»	»	»	»	»			»	»		»	»	»	»	»	1	1	184
…oka	»	»	»	»	»			»	»		»	»	»	»	»	1	1	115
[illegible]	»	»	»	»	»			»	»		»	»	»	»	»	1	1	86
[illegible]	»	»	»	»	»			»	»		»	»	»	»	»	1	2	78
…aroua le	»	»	»	»	»			»	»		»	»	»	»	»	1	1	109
[illegible]	»	»	»	»	»			»	»		»	»	»	»	»	1	1	104
[illegible]	»	»	»	»	»			»	»		»	»	»	»	»	1	1	65
[illegible]	»	»	»	»	»			»	»		»	»	»	»	»	1	2	143
[illegible]	»	»	1	1	»		indigène.	»	»		57	18	1	1	75	1	1	75
…indigènes	»	»	1	1	»		—	»	»		55	37	1	1	92	1	1	92
[illegible]	»	»	1	1	»		—	»	»		18	12	1	1	30	1	1	30
…oka	»	»	1	1	»		—	»	»		23	24	1	1	47	1	1	47
[illegible]	»	»	1	1	»		—	»	»		35	10	1	1	45	1	1	45
[illegible]	»	»	1	2	»		—	»	»		39	36	1	2	75	1	2	75
[illegible]	»	»	1	2	»		—	»	»		47	19	1	2	66	1	2	66
[illegible]	1	»	»	2	»		—	»	»		45	»	1	2	45	1	2	45
[illegible]	»	»	1	2	»		—	»	»		27	7	1	2	34	1	2	34
[illegible]	»	»	1	2	»		—	»	»		75	15	1	2	90	1	2	90
[illegible]	»	»	1	1	»		—	»	»		32	15	1	1	47	1	1	47
[illegible]	»	»	1	1	»		—	»	»		43	13	1	1	56	1	1	56
[illegible]	1	»	»	1	»		—	»	»		44	»	1	1	44	1	1	44
A reporter	33	22	126	288	110			25	28		8.310	6.214	181	451	14.724	300	661	[illegible]

N° 20 — STATISTIQUES DE L'INSTRUCTION PUBLIQUE. ENSEIGNEMENT PRIMAIRE ANNÉE 1906 ÉCOLES INDIGÈNES

LOCALITÉS	OFFICIELLES — Nombre d'écoles — Garçons	Filles	Mixtes	Nombre et qualité des maîtres — Hommes — Européens ou assimilés	Indigènes	Femmes — Européennes ou assimilées	Indigènes	Nombre d'élèves — Garçons	Filles	Totaux — Écoles	Professeurs	Élèves		LIBRES — Nombre d'écoles — Garçons	Filles	Mixtes	Nombre et qualité des professeurs — Laïques — Hommes	Femmes	Qualité	Nationalité	Congréganistes — Hommes	Femmes	Nationalité	Nombre d'élèves — Garçons	Filles	Totaux — Écoles	Professeurs	Élèves	TOTAUX — Nombre d'écoles	
Report	3	2	114	»	138	»	78	7.600	3.782	119	230	11.422		33	22	126	288	110			25	28		8.310	6.218	181	431	14.528	300	[illegible]
PROVINCE DU VAKINANKARATRA																														
Antsirabe	1	1	»	»	2	»	»	115	32	2	[illegible]	147		1	2	1	7	3 / 1	M. N.	indigène, norvégienne	1	»	française	232	158	4	11	390	6	
Ambohimiarina	»	»	1	»	1	»	1	81	11	1	2	92		»	»	»	»	»			»	»		»	»	»	»	»	1	
Vinaninony	1	»	»	»	1	»	»	72	»	1	1	72		»	»	»	»	»			»	»		»	»	»	»	»	1	
Antobiripmana	»	»	1	»	1	»	1	80	19	1	2	93		»	»	»	»	»			»	»		»	»	»	»	»	1	
Loharano	»	»	»	»	»	»	»	»	»	»	»	»		»	»	1	3	1 / 1	M. N.	indigène, norvégienne	»	»		93	80	1	5	173	1	
Betafo	1	»	»	»	1	»	»	77	»	1	1	77		1	1	1	6	2		indigène	3	»	française	209	192	3	11	401	5	
Mandritsara	»	»	1	»	1	»	1	44	21	1	2	65		»	»	»	»	»			»	»		»	»	»	»	»	1	
Antsoly	»	»	1	»	1	»	1	44	44	1	2	88		»	»	»	»	»			»	»		»	»	»	»	»	1	
Ivory-Ivoana	1	»	»	»	1	»	»	65	»	1	1	65		»	»	»	»	»			»	»		»	»	»	»	»	1	
Mahazoarivo	»	»	»	»	»	»	»	»	»	»	»	»		»	»	1	4	2		indigène	»	»		154	70	1	6	224	1	
Ambohimiarivo	»	»	»	»	»	»	»	»	»	»	»	»		»	»	1	3	»		—	»	»		72	54	1	3	126	1	
Ambohidahy	»	»	»	»	»	»	»	»	»	»	»	»		»	»	1	3	»		—	»	»		70	32	1	3	102	1	
Alakamisy-Fitomponona	»	»	»	»	»	»	»	»	»	»	»	»		»	»	2	5	»		—	»	»		156	74	1	5	230	2	
Masindray	»	»	»	»	»	»	»	»	»	»	»	»		»	»	1	2	»			»	»		29	23	1	3	52	1	
Antanambe	»	»	1	»	1	»	1	44	14	1	2	58		»	»	»	»	»			»	»		»	»	»	»	»	1	
Antsampandrano	»	»	1	»	1	»	1	43	22	1	2	65		»	»	»	»	»			»	»		»	»	»	»	»	1	
Tsarahonenana	»	»	1	»	1	»	»	57	25	1	1	82		»	»	»	»	»			»	»		»	»	»	»	»	1	
A reporter	3	2	121	»	160	»	82	8.400	3.930	131	320	12.330		35	25	136	321	120			30	34		9.325	6.893	193	490	16.418	336	73

N° 20 - STATISTIQUES DE L'INSTRUCTION PUBLIQUE, ENSEIGNEMENT PRIMAIRE ANNÉE 1906 (ÉCOLES INDIGÈNES)

LOCALITÉS	OFFICIEL – Nombre d'écoles – Garçons	Filles	Mixtes	Nombre de professeurs – Hommes – Européens	Indigènes	Femmes – Européennes	Indigènes	Nombre d'élèves – Garçons	Filles	Totaux – Écoles	Professeurs	Élèves	LIBRE – Nombre d'écoles – Garçons	Filles	Mixtes	Nombre de professeurs – Laïques – Hommes	Femmes	Qualité	Nationalité	Congréganistes – Hommes	Femmes	Nationalité	Nombre d'élèves – Garçons	Filles	Totaux – Écoles	Professeurs	Élèves	TOTAUX GÉNÉRAUX – Nombre d'écoles	Nombre de professeurs	Nombre d'élèves
Report	7	2	121	»	150	»	82	8.600	3.930	131	228	12.350	35	25	135	321	120			30	28		9.325	6.093	105	409	16.418	316	727	28.348
	»	»	1	»	1	»	1	62	33	1	2	100	»	»	»	»	»			»	»		»	»	»	»	»	1	2	100
	»	»	1	»	1	»	»	80	30	1	1	110	»	»	»	»	»			»	»		»	»	»	»	»	1	1	110
	1	»	»	»	1	»	»	71	»	1	1	71	»	»	»	»	»			»	»		»	»	»	»	»	1	1	71
	1	»	»	»	1	»	»	42	»	1	1	42	»	»	»	»	»			»	»		»	»	»	»	»	1	1	42
	»	1	»	»	»	»	»	»	»	»	»	»	»	»	2	3	»		indigène.	»	»		90	60	2	4	150	2	4	150
	»	»	»	»	»	»	»	»	»	»	»	»	»	»	1	1 1	» »	M. P. F »	français. indigène.	»	»		40	»	1	1	40	1	1	40
DE FIANARANTSOA																														
	1	»	»	»	2	»	»	81	»	1	2	81	3	2	2	3	» 2	M. P. F M. N.	2 français, 1 suisse. norvégienne.	4	5	français.	893	344	7	14	1.237	8	16	1.318
	»	»	1	»	2	»	1	62	21	1	3	83	»	»	2	2	»		indigène.	»	»		82	70	2	2	152	3	5	235
	»	»	1	»	1	»	1	26	14	1	2	40	»	»	1	1	»		—	»	»		31	22	1	1	53	2	2	93
	»	»	1	»	1	»	»	23	»	1	1	23	»	»	1	1	»		—	»	»		69	35	1	1	104	2	2	127
	»	»	1	»	1	»	»	18	7	1	1	25	»	»	»	»	»			»	»		»	»	»	»	»	1	1	25
	»	»	1	»	1	»	1	22	19	1	2	41	»	»	»	»	»			»	»		»	»	»	»	»	1	2	41
	»	»	1	»	1	»	1	42	»	1	2	42	»	»	1	1	»		indigène.	»	»		42	»	1	1	42	2	3	84
	»	»	»	»	»	»	»	»	»	»	»	»	»	»	1	1	»		—	»	»		23	27	1	1	50	1	1	50
	»	»	»	»	»	»	»	»	»	»	»	»	»	»	1	1	»		—	»	»		36	29	1	1	65	1	1	65
	»	»	1	»	1	»	»	55	15	1	1	70	»	»	2	2	»			»	»		133	105	2	2	238	3	3	308
	»	»	1	»	1	»	1	25	»	1	2	25	»	»	2	2	»		—	»	»		113	76	2	2	189	3	4	214
A reporter	10	3	131	»	161	»	86	9.609	4.094	144	250	13.982	38	27	151	330	122			34	38		10.874	7.661	110	520	18.735	380	778	31.618

N° 20 — STATISTIQUES DE L'INSTRUCTION PUBLIQUE. ENSEIGNEMENT PRIMAIRE ANNÉE 1906 (ÉCOLES INDIGÈNES)

OFFICIEL

LOCALITÉS	Nombre d'écoles: Garçons	Filles	Mixtes	Nombre de professeurs laïques: Hommes: Européens ou assimilés	Indigènes	Femmes: Européennes ou assimilées	Indigènes	Nombre d'élèves: Garçons	Filles	Totaux: Écoles	Professeurs	Élèves
Report	10	3	131	»	161	»	88	9.009	4.074	144	249	13.083
[illegible]	»	»	1	»	1	»	»	24	»	1	1	24
Melajomy	»	»	1	»	1	»	»	44	»	1	1	44
[illegible]	»	»	1	»	1	»	1	44	10	1	2	54
[illegible]	»	»	»	»	»	»	»	»	»	»	»	»
[illegible]	»	»	»	»	»	»	»	»	»	»	»	»
Farafakana	»	»	1	»	1	»	1	33	12	1	2	45
S-dila	»	»	1	»	1	»	»	13	8	1	1	21
Fenoarivo	»	»	1	»	1	»	»	22	13	1	1	35
[illegible]	»	»	1	»	1	»	1	45	20	1	2	65
[illegible]	»	»	1	»	1	»	1	61	14	1	2	75
[illegible]	»	»	1	»	1	»	»	40	10	1	1	50
Anosimajobe	»	»	1	»	1	»	1	48	19	1	2	67
Ankorimasa	»	»	1	»	1	»	»	42	16	1	1	58
Ambongo	»	»	1	»	1	»	»	50	19	1	1	69
Tsaratanjona	»	»	1	»	1	»	»	53	19	1	1	72
A reporter	10	3	144	»	174	»	93	9.337	4.455	157	267	13.771

LIBRE

LOCALITÉS	Nombre d'écoles: Garçons	Filles	Mixtes	Nombre de professeurs: Laïques: Hommes	Femmes	Qualité	Nationalité	Congréganistes: Hommes	Femmes	Nationalité	Nombre d'élèves: Garçons	Filles	Totaux: Écoles	Professeurs	Élèves	TO…
Report	38	27	151	330	122			34	33		10.874	7.607	216	329	18.735	3
[illegible]	»	»	»	»	»			»	»		»	»	»	»	»	
Melajomy	»	»	»	»	»			»	»		»	»	»	»	»	
[illegible]	»	»	2	2	»		Indigènes	»	»		121	91	2	2	212	
[illegible]	»	»	1	1	»			»	»		17	16	1	1	33	
[illegible]	»	»	»	»	»			»	»		»	»	»	»	»	
Farafakana	»	»	»	»	»			»	»		»	»	»	»	»	
S-dila	»	»	»	»	»			»	»		»	»	»	»	»	
Fenoarivo	»	»	»	»	»			»	»		»	»	»	»	»	
[illegible]	»	»	»	»	»			»	»		»	»	»	»	»	
[illegible]	»	»	»	»	»			»	»		»	»	»	»	»	
[illegible]	»	»	»	»	»			»	»		»	»	»	»	»	
Anosimajobe	»	»	»	»	»			»	»		»	»	»	»	»	
Ankorimasa	»	»	»	»	»			»	»		»	»	»	»	»	
Ambongo	»	»	»	»	»			»	»		»	»	»	»	»	
Tsaratanjona	»	»	»	»	»			»	»		»	»	»	»	»	
A reporter	38	27	154	333	122			34	33		11.012	7.708	219	332	18.980	37

N° 20 — STATISTIQUES DE L'INSTRUCTION PUBLIQUE, ENSEIGNEMENT PRIMAIRE ANNÉE 1906 (ÉCOLES INDIGÈNES)

OFFICIEL

LOCALITÉS	Nombre d'écoles: Garçons	Nombre d'écoles: Filles	Nombre d'écoles: Mixtes	Professeurs laïques, Hommes: Européens ou assimilés	Professeurs laïques, Hommes: Indigènes	Professeurs laïques, Femmes: Européennes ou assimilées	Professeurs laïques, Femmes: Indigènes	Nombre d'élèves: Garçons	Nombre d'élèves: Filles	Totaux: Écoles	Totaux: Professeurs	Totaux: Élèves
Report	10	3	144	»	175	»	93	9.537	4.205	137	267	13.771
PROVINCE D'AMBOSITRA												
	1	1	»	»	2	»	»	85	60	2	2	145
ro	»	»	1	»	1	»	1	62	17	1	2	79
	1	»	»	»	1	»	»	55	»	1	1	55
	»	»	1	»	1	»	1	53	9	1	2	62
	»	»	1	»	1	»	»	73	6	1	1	79
	»	»	1	»	1	»	1	28	10	1	2	38
o	»	»	»	»	»	»	»	»	»	»	»	»
	»	»	»	»	»	»	»	»	»	»	»	»
masina	»	»	»	»	»	»	»	»	»	»	»	»
	»	»	»	»	»	»	»	»	»	»	»	»
	»	»	»	»	»	»	»	»	»	»	»	»
	»	»	»	»	»	»	»	»	»	»	»	»
	»	»	»	»	»	»	»	»	»	»	»	»
	»	»	»	»	»	»	»	»	»	»	»	»
	»	»	»	»	»	»	»	»	»	»	»	»
Isadanky	»	»	»	»	»	»	»	»	»	»	»	»
	»	»	»	»	»	»	»	»	»	»	»	»
	»	»	»	»	»	»	»	»	»	»	»	»
A reporter	12	6	148	»	181	»	96	9.892	5.336	168	277	15.228

LIBRE — TOTAUX GÉNÉRAUX

LOCALITÉS	Nombre d'écoles: Garçons	Nombre d'écoles: Filles	Nombre d'écoles: Mixtes	Laïques: Hommes	Laïques: Femmes	Laïques: Qualité	Laïques: Nationalité	Congréganistes: Hommes	Congréganistes: Femmes	Congréganistes: Nationalité	Nombre d'élèves: Garçons	Nombre d'élèves: Filles	Totaux: Écoles	Totaux: Professeurs	Totaux: Élèves	Totaux généraux: Nombre d'écoles	Totaux généraux: Nombre de professeurs	Totaux généraux: Nombre d'élèves
Report	38	27	104	343	132			35	33		11.012	7.708	219	532	18.940	376	799	31.551
PROVINCE D'AMBOSITRA																		
	2	2	»	1 » 13	» 1 10	M. P. F. M. P. F.	française — indigène	2 » »	» 2 »	française —	646	340	4	29	975	6	31	1.120
ro	»	»	1	1	»		—	»	»		30	11	1	1	41	2	3	120
	»	»	»	»	»			»	»		»	»	»	»	»	1	1	55
	»	»	»	»	»			»	»		»	»	»	»	»	1	2	62
	»	»	1	1	»	indigène		»	»		66	30	1	1	96	2	2	175
	»	»	»	»	»			»	»		»	»	»	»	»	1	2	38
o	»	»	1	1	»	indigène		»	»		55	35	1	1	90	1	1	90
	»	»	1	1	»	—		»	»		30	38	1	1	68	1	1	68
masina	»	»	1	1	»	—		»	»		50	13	1	1	63	1	1	63
	»	»	1	1	»	—		»	»		53	20	1	1	73	1	1	73
	»	»	1	1	»	—		»	»		40	17	1	1	60	1	1	60
	»	»	1	1	»	—		»	»		18	19	1	1	37	1	1	37
	»	»	1	1	»	—		»	»		35	20	1	1	54	1	1	54
	»	»	1	1	»	—		»	»		21	18	1	1	39	1	1	39
	»	»	1	1	»	—		»	»		30	21	1	1	60	1	1	60
Isadanky	»	»	1	1	»	—		»	»		40	16	1	1	56	1	1	56
	»	»	1	1	»			»	»		33	29	1	1	62	1	1	62
	»	»	1	1	»	—		»	»		36	16	1	1	52	1	1	52
A reporter	40	29	108	371	133			36	35		12.196	8.411	237	575	20.812	401	852	35.840

N° 20 — STATISTIQUES DE L'INSTRUCTION PUBLIQUE, ENSEIGNEMENT PRIMAIRE ANNÉE 1906 (ÉCOLES INDIGÈNES)

LOCALITÉS	OFFICIEL — Nombre d'écoles — Garçons	Filles	Mixtes	Nombre de fonctionnaires laïques — Hommes — Européens ou assimilés	Indigènes	Femmes — Européennes ou assimilées	Indigènes	Nombre d'élèves — Garçons	Filles	Totaux — Écoles	Professeurs	Élèves	LIBRE — Nombre d'écoles — Garçons	Filles	Mixtes	Nombre de professeurs — Laïques — Hommes	Femmes	Qualité	Nationalité	Congréganistes — Hommes	Femmes	Nationalité	Nombre d'élèves — Garçons	Filles	Totaux — Écoles	Professeurs	Élèves	TOTAL — Nombre d'écoles
Report	12	4	156	»	181	»	96	9.892	4.336	169	277	14.228	40	20	168	371	133			36	33		12.104	8.514	237	570	20.812	401
Milamaina	»	»	»	»	»	»	»	»	»	»	»	»	»	»	1	1	»		indigène.	»	»		60	23	1	1	83	1
Fisinana	»	»	»	»	»	»	»	»	»	»	»	»	»	»	1	1	»		—	»	»		37	12	1	1	49	1
Ivanamaina	»	»	»	»	»	»	»	»	»	»	»	»	»	»	1	1	»		—	»	»		43	19	1	1	62	1
Fandriana	»	»	»	»	»	»	»	»	»	»	»	»	1	»	»	1	»		—	»	»		65	»	1	1	65	1
Ilaroana	»	»	»	»	»	»	»	»	»	»	»	»	1	»	»	1	»		—	»	»		36	»	1	1	36	1
Ambohimanga du Sud	»	»	1	»	1	»	1	68	18	1	2	86	»	»	2	2	»		—	»	»		88	34	2	2	122	3
Ambohimitombo	»	»	»	»	»	»	»	»	»	»	»	»	»	»	1	1	»		—	»	»		35	19	1	1	54	1
Ambohimiera	»	»	1	»	1	»	»	56	21	1	1	77	»	»	»	»	»			»	»		»	»	»	»	»	1
Ranomena	»	»	1	»	1	»	»	25	5	1	1	30	»	»	»	»	»			»	»		»	»	»	»	»	1
[illegible]	»	»	1	»	1	»	»	31	18	1	1	49	»	»	»	»	»			»	»		»	»	»	»	»	1
Ambatofinandrahana	»	»	»	»	»	»	»	»	»	»	»	»	1	»	»	1	»		indigène.	»	»		42	»	1	1	42	1
PROVINCE DE FARAFANGANA																												
Farafangana	»	»	»	»	»	»	»	»	»	»	»	»	2	2	»	2 » »	» 1 1	 M. N.	indigène. — norvégienne.	2	2	française.	210	173	4	8	383	4
Andemaka	»	»	1	»	1	»	»	40	22	1	1	62	»	»	»	»	»			»	»		»	»	»	»	»	1
Sahafera	»	»	1	»	1	»	1	43	15	1	2	58	»	»	»	»	1			»	»		»	»	»	»	»	1
A reporter	12	4	158	»	187	»	98	10.155	4.435	170	285	14.590	43	21	174	363	135			38	37		12.704	8.606	250	592	21.087	420

N° 20 — STATISTIQUES DE L'INSTRUCTION PUBLIQUE, ENSEIGNEMENT PRIMAIRE ANNÉE 1906 (ÉCOLES INDIGÈNES)

LOCALITÉS	OFFICIEL												LIBRE															TOTAUX GÉNÉRAUX		
	Nombre d'écoles			Nombre de fonctionnaires laïques				Nombre d'élèves		Totaux			Nombre d'écoles			Nombre de fonctionnaires							Nombre d'élèves		Totaux					
				Hommes		Femmes										Laïques				Congréganistes										
	Garçons	Filles	Mixtes	Européens ou assimilés	Indigènes	Européennes ou assimilées	Indigènes	Garçons	Filles	Écoles	Professeurs	Élèves	Garçons	Filles	Mixtes	Hommes	Femmes	Qualité	Nationalité	Hommes	Femmes	Nationalité	Garçons	Filles	Écoles	Professeurs	Élèves	Nombre d'écoles	Nombre de professeurs	Nombre d'élèves
Report	12	4	154	»	187	»	98	10.156	4.485	170	285	14.500	45	31	174	382	135			38	37		12.791	8.000	250	593	21.067	420	877	36.077
...	»	»	1	»	1	»	1	94	9	1	2	103	»	»	»	»	»			»	»		»	»	»	»	»	1	2	103
ks...	»	»	1	»	1	»	1	50	20	1	2	70	»	»	»	»	»			»	»		»	»	»	»	»	1	2	70
...	»	»	1	»	1	»	1	40	18	1	2	58	»	»	»	»	»			»	»		»	»	»	»	»	1	2	58
a...	»	»	1	»	1	»	1	64	17	1	2	81	»	»	»	»	»			»	»		»	»	»	»	»	1	2	81
...	»	»	1	»	1	»	1	51	24	1	2	75	»	»	»	»	»			»	»		»	»	»	»	»	1	2	75
f...	»	»	1	»	1	»	1	97	42	1	2	139	»	»	»	»	»			»	»		»	»	»	»	»	1	2	139
h...	»	»	1	»	1	»	»	63	17	1	1	80	»	»	»	»	»			»	»		»	»	»	»	»	1	1	80
me...	»	»	1	»	1	»	1	67	25	1	2	92	»	»	»	»	»			»	»		»	»	»	»	»	1	2	92
...	»	»	1	»	1	»	1	61	24	1	2	85	»	»	»	»	»			»	»		»	»	»	»	»	1	2	85
...	»	»	1	»	1	»	»	58	37	1	1	95	»	»	»	»	»			»	»		»	»	»	»	»	1	1	95
...	»	»	1	»	1	»	1	39	16	1	2	55	»	»	»	»	»			»	»		»	»	»	»	»	1	2	55
...	»	»	1	»	1	»	1	48	22	1	2	70	»	»	»	»	»			»	»		»	»	»	»	»	1	2	70
...	»	»	1	»	1	»	1	41	18	1	2	59	»	»	»	»	»			»	»		»	»	»	»	»	1	2	59
s...	»	»	1	»	1	»	1	96	32	1	2	128	»	»	»	»	»			»	»		»	»	»	»	»	1	2	128
...	»	»	1	»	1	»	1	50	18	1	2	68	»	»	»	»	»			»	»		»	»	»	»	»	1	2	68
...	»	»	1	»	1	»	»	56	»	1	1	56	»	»	»	»	»			»	»		»	»	»	»	»	1	1	56
no...	1	»	1	1	2	»	»	113	»	2	3	113	1	»	1	4	»		indigènes	1	»	française	201	75	2	5	275	4	8	388
A reporter	13	4	171	1	205	»	111	11.213	4.773	188	317	16.016	46	31	175	386	135			39	37		12.996	8.708	254	597	21.062	720	914	37.778

N° 20 — STATISTIQUES DE L'INSTRUCTION PUBLIQUE. ENSEIGNEMENT PRIMAIRE ANNÉE 1906 (ÉCOLES INDIGÈNES)

OFFICIEL

LOCALITÉS	Nombre d'écoles: Garçons	Filles	Mixtes	Nombre de professeurs laïques: Hommes: Européens ou assimilés	Indigènes	Femmes: Européennes ou assimilées	Indigènes	Nombre d'élèves: Garçons	Filles	Total: Écoles	Professeurs	Élèves
Report	13	5	171	1	205	»	111	11.263	5.773	188	317	16.036
Vohipeno	»	»	»	»	»	»	»	»	»	»	»	»
Ivato	»	»	»	»	»	»	»	»	»	»	»	»
Antombokoho	»	»	»	»	»	»	»	»	»	»	»	»
Ambatomirona	»	»	»	»	»	»	»	»	»	»	»	»
Vohilavaonga	»	»	»	»	»	»	»	»	»	»	»	»
Fandana	»	»	»	»	»	»	»	»	»	»	»	»
PROVINCE DES BETSIMISARAKA DU SUD												
Ambinanindrano	»	»	»	»	»	»	»	»	»	»	»	»
Mahanoro	»	»	»	»	»	»	»	»	»	»	»	»
Ambodiharana	»	»	1	»	1	»	»	63	12	1	1	75
Vohidrotsiharaja	»	»	1	»	1	»	»	37	13	1	1	50
Ambohimanjaka	»	»	1	»	1	»	»	85	15	1	1	100
Marolambo	»	»	1	»	1	»	1	69	21	1	2	90
Maidambo	»	»	1	»	1	»	1	47	13	1	2	60
A reporter	13	5	176	»	210	»	113	11.555	4.847	193	326	16.571

LIBRE — **TOTAUX**

LOCALITÉS	Nombre d'écoles: Garçons	Filles	Mixtes	Nombre de professeurs: Laïques: Hommes	Femmes	Qualité	Nationalité	Congréganistes: Hommes	Femmes	Nationalité	Nombre d'élèves: Garçons	Filles	Total: Écoles	Professeurs	Élèves	Totaux: Nombre d'écoles	
Report	46	31	175	380	135			30	37		12.998	8.768	255	507	21.162	550	[illegible]
Vohipeno	»	»	2	»	3		indigène.	1	»	français.	212	120	2	4	332	2	
Ivato	»	»	1	»	»			1	»	—	80	60	1	1	140	1	
Antombokoho	»	»	1	1	»		indigène.	»	»		30	11	1	1	41	1	
Ambatomirona	»	»	1	2	»		—	»	»		30	30	1	2	60	1	
Vohilavaonga	»	»	1	3	»			»	»		100	50	1	3	150	1	
Fandana	»	»	1	3	»			»	»		50	50	1	3	100	1	
PROVINCE DES BETSIMISARAKA DU SUD																	
Ambinanindrano	»	»	1	3	»		indigène.	»	»		55	26	1	5	81	1	
				»	1	M. A.	anglaise.										
Mahanoro	»	»	1	1	»		indigène.	»	»		50	72	1	4	122	1	
				1	»	M. A.	anglaise.										
				»	1		indigène.										
				»	1	M. A.	anglaise.										
Ambodiharana	»	»	»	»	»			»	»		»	»	»	»	»	1	
Vohidrotsiharaja	»	»	»	»	»			»	»		»	»	»	»	»	1	
Ambohimanjaka	»	»	»	»	»			»	»		»	»	»	»	»	1	
Marolambo	»	»	»	»	»			»	»		»	»	»	»	»	1	
Maidambo	»	»	»	»	»			»	»		»	»	»	»	»	1	
A reporter	46	31	185	400	141			31	37		13.501	9.187	261	619	22.688	559	[illegible]

N° 20 — STATISTIQUES DE L'INSTRUCTION PUBLIQUE. ENSEIGNEMENT PRIMAIRE. ANNÉE 1906. (ÉCOLES INDIGÈNES.)

OFFICIEL

LOCALITÉS	Nombre d'écoles: Garçons	Filles	Mixtes	Nombre de professeurs laïques: Hommes: Européens ou assimilés	Indigènes	Femmes: Européennes ou assimilées	Indigènes	Nombre d'élèves: Garçons	Filles	Totaux: Écoles	Professeurs	Élèves
Report	13	»	176	1	210	»	113	11.544	4.847	193	334	16.571
[illegible]	»	»	1	»	1	»	1	102	23	1	2	125
[illegible]	»	»	1	»	1	»	1	81	14	1	2	95
[illegible]	»	»	1	»	1	»	1	63	17	1	2	80
[illegible]	»	»	1	»	1	»	»	62	13	1	1	75
[illegible]	»	»	1	»	2	»	»	41	15	1	2	56
[illegible]	»	»	1	»	1	»	»	40	20	1	1	60
[illegible]	»	»	1	»	1	»	1	83	28	1	2	111
[illegible]	»	»	1	»	2	»	1	150	45	1	3	195
[illegible]	»	»	1	»	1	»	1	37	6	1	2	43
[illegible]	»	»	1	»	1	»	1	151	46	1	2	197
[illegible]	»	»	1	»	1	»	1	106	32	1	2	138
[illegible]	»	»	1	»	1	»	»	65	17	1	1	82
CERCLE DE FORT-DAUPHIN												
[illegible]	»	»	»	»	»	»	»	»	»	1	»	»
CERCLE DE MAHAFALY												
[illegible]	»	»	»	»	»	»	»	»	»	»	»	»
A reporter	13	4	188	1	225	»	121	11.925	9.722	205	358	17.647

LIBRE et **TOTAUX GÉNÉRAUX**

LOCALITÉS	Nombre d'écoles: Garçons	Filles	Mixtes	Nombre de professeurs: Laïques: Hommes	Femmes	Qualité	Nationalité	Congréganistes: Hommes	Femmes	Nationalité	Nombre d'élèves: Garçons	Filles	Totaux: Écoles	Professeurs	Élèves	Totaux généraux: Nombre d'écoles	Nombre de professeurs	Nombre d'élèves
Report	46	31	185	400	151			51	37		13.501	9.187	261	619	22.888	484	943	39.079
[illegible]	»	»	»	»	»			»	»		»	»	»	»	»	1	2	125
[illegible]	»	»	»	»	»			»	»		»	»	»	»	»	1	2	95
[illegible]	»	»	»	»	»			»	»		»	»	»	»	»	1	2	80
[illegible]	»	»	»	»	»			»	»		»	»	»	»	»	1	1	75
[illegible]	»	»	»	»	»			»	»		»	»	»	»	»	1	2	56
[illegible]	»	»	»	»	»			»	»		»	»	»	»	»	1	1	60
[illegible]	»	»	»	»	»			»	»		»	»	»	»	»	1	2	111
[illegible]	»	»	»	»	»			»	»		»	»	»	»	»	1	3	195
[illegible]	»	»	»	»	»			»	»		»	»	»	»	»	1	2	43
[illegible]	»	»	»	»	»			»	»		»	»	»	»	»	1	2	197
[illegible]	»	»	»	»	»			»	»		»	»	»	»	»	1	2	138
[illegible]	»	»	»	»	»			»	»		»	»	»	»	»	1	1	82
CERCLE DE FORT-DAUPHIN																		
[illegible]	»	3	»	5 »	» 1	 M. A	indigène. anglaise.	4 »	» 5	2 français, 1 norvégien, 1 allemand. 3 françaises, 2 anglaises.	321	165	4	19	485	5	14	580
CERCLE DE MAHAFALY																		
[illegible]	»	»	»	1	»		sénégalais.	»	»		12	»	1	1	12	1	1	12
A reporter	49	33	185	406	152			55	42		13.835	9.352	266	655	23.186	571	961	40.833

N° 20 — STATISTIQUES DE L'INSTRUCTION PUBLIQUE. ENSEIGNEMENT PRIMAIRE ANNÉE 1906 (ÉCOLES INDIGÈNES)

OFFICIEL

LOCALITÉS	Nombre d'écoles: Garçons	Filles	Mixtes	Nombre de professeurs: Hommes: Européens	Indigènes	Femmes: Européennes	Indigènes	Nombre d'élèves: Garçons	Filles	Totaux: Écoles	Professeurs	Élèves
Report	13	5	188	1	270	»	121	11.525	5.742	205	350	17.067
PROVINCE D'ANDEVORANTE												
[illegible]	»	»	1	»	1	»	1	55	25	1	2	80
[illegible]	1	1	»	»	1	»	1	50	20	2	2	70
[illegible]	»	»	1	»	1	»	»	32	16	1	1	48
[illegible]	»	»	1	»	1	»	»	52	22	1	1	74
[illegible]	»	»	1	»	1	»	»	36	15	1	1	51
[illegible]	»	»	1	»	1	»	»	59	12	1	1	71
[illegible]	»	»	1	»	1	»	»	59	20	1	1	79
[illegible]	»	»	1	»	1	»	1	23	2	1	2	25
[illegible]	»	»	1	»	1	»	»	28	1	1	1	29
[illegible]	»	»	1	»	1	»	1	27	13	1	2	40
[illegible]	»	»	1	»	1	»	1	58	24	1	2	82
[illegible]	»	»	1	»	1	»	1	55	6	1	2	61
[illegible]	»	»	1	»	1	»	1	51	29	1	2	80
[illegible]	»	»	1	»	1	»	1	51	27	1	2	78
[illegible]	»	»	1	»	1	»	»	58	15	1	1	73
[illegible]	»	»	1	»	1	»	1	62	42	1	2	104
[illegible]	»	»	1	»	1	»	1	16	16	1	2	32
[illegible]	»	»	1	»	1	»	1	37	31	1	2	68
[illegible]	»	»	1	»	1	»	»	27	21	1	1	48
A reporter	15	5	206	1	293	»	132	13.330	5.488	225	378	18.818

LIBRE

LOCALITÉS	Nombre d'écoles: Garçons	Filles	Mixtes	Nombre de professeurs: Laïques: Hommes	Femmes	Qualité	Nationalité	Congréganistes: Hommes	Femmes	Nationalité	Nombre d'élèves: Garçons	Filles	Totaux: Écoles	Professeurs	Élèves	[illegible]
Report	49	33	183	268	152			55	52		13.865	9.352	270	685	23.396	47
PROVINCE D'ANDEVORANTE																
[illegible]	»	1	1	1	»		indigène	»	»		25	28	1	1	53	
[illegible]	»	»	»	»	»			»	»		»	»	»	»	»	
[illegible]	»	»	»	»	»			»	»		»	»	»	»	»	
[illegible]	»	»	»	»	»			»	»		»	»	»	»	»	
[illegible]	»	»	»	»	»			»	»		»	»	»	»	»	
[illegible]	»	»	»	»	»			»	»		»	»	»	»	»	
[illegible]	»	»	»	»	»			»	»		»	»	»	»	»	
[illegible]	»	»	»	»	»			»	»		»	»	»	»	»	
[illegible]	»	»	»	»	»			»	»		»	»	»	»	»	
[illegible]	»	»	»	»	»			»	»		»	»	»	»	»	
[illegible]	»	»	»	»	»			»	»		»	»	»	»	»	
[illegible]	»	»	»	»	»			»	»		»	»	»	»	»	
[illegible]	»	»	»	»	»			»	»		»	»	»	»	»	
[illegible]	»	»	»	»	»			»	»		»	»	»	»	»	
[illegible]	»	»	»	»	»			»	»		»	»	»	»	»	
[illegible]	»	»	»	»	»			»	»		»	»	»	»	»	
[illegible]	»	»	»	»	»			»	»		»	»	»	»	»	
[illegible]	»	»	»	»	»			»	»		»	»	»	»	»	
[illegible]	»	»	»	»	»			»	»		»	»	»	»	»	
A reporter	49	33	185	267	152			55	62		13.890	9.380	287	836	23.530	193

N° 20 — STATISTIQUES DE L'INSTRUCTION PUBLIQUE. ENSEIGNEMENT PRIMAIRE ANNÉE 1906 (ÉCOLES INDIGÈNES)

LOCALITÉS	OFFICIEL — Nombre d'écoles — Garçons	Filles	Mixtes	Nombre de professeurs laïques — Hommes — Européens ou assimilés	Indigènes	Femmes — Européennes ou assimilées	Indigènes	Nombre d'élèves — Garçons	Filles	Totaux — Écoles	Professeurs	Élèves
Report	14	5	306	1	193	»	133	13.330	5.588	325	370	18.618
....	»	»	1	»	1	»	»	39	22	1	1	61
....	»	»	1	»	1	»	1	60	40	1	2	100
....	»	»	1	»	1	»	»	58	15	1	1	73
PROVINCE DE TAMATAVE												
....	»	»	1	»	1	»	»	16	15	1	1	31
....	»	»	1	»	»	1	»	36	21	1	1	57
....	»	»	1	»	1	»	»	46	22	1	1	68
....	»	»	1	»	1	»	1	26	22	1	1	48
....	»	»	»	»	»	»	»	»	»	»	»	»
....	»	»	1	»	1	»	»	39	17	1	1	56
....	»	»	1	»	1	»	»	31	20	1	1	51
....	»	»	1	»	1	»	»	18	3	1	1	21
....	»	»	1	»	1	»	1	45	19	1	2	64
....	»	»	1	»	1	»	1	50	17	1	2	67
....	»	»	1	»	1	»	1	66	45	1	2	111
....	»	»	1	»	1	»	1	60	29	1	2	89
....	»	»	1	»	1	»	»	51	24	1	1	75
....	»	»	1	»	1	»	1	63	51	1	2	114
A reporter	14	5	322	1	208	1	140	14.025	5.879	341	398	19.904

LOCALITÉS	LIBRE — Nombre d'écoles — Garçons	Filles	Mixtes	Nombre de professeurs — Laïques — Hommes	Femmes	Qualité	Nationalité	Congréganistes — Hommes	Femmes	Nationalité	Nombre d'élèves — Garçons	Filles	Totaux — Écoles	Professeurs	Élèves	TOTAUX GÉNÉRAUX — Nombre d'écoles	Nombre de professeurs	Nombre d'élèves
Report	40	33	185	407	193			45	42		13.650	9.380	267	636	23.430	492	1.013	42.057
....	»	»	»	»	»			»	»		»	»	»	»	»	1	1	61
....	»	»	»	»	»			»	»		»	»	»	»	»	1	2	100
....	»	»	»	»	»			»	»		»	»	»	»	»	1	1	73
PROVINCE DE TAMATAVE																		
....	»	»	»	»	»			»	»		»	»	»	»	»	1	1	31
....	»	»	»	»	»			»	»		»	»	»	»	»	1	1	57
....	»	»	»	»	»			»	»		»	»	»	»	»	1	1	68
....	»	»	»	»	»			»	»		»	»	»	»	»	1	1	48
....	1	1	1	1	»		indigène.	1	1	français.	120	107	3	3	207	3	3	227
....	»	»	»	»	»			»	»		»	»	»	»	»	1	1	56
....	»	»	»	»	»			»	»		»	»	»	»	»	1	1	51
....	»	»	»	»	»			»	»		»	»	»	»	»	1	1	21
....	»	»	»	»	»			»	»		»	»	»	»	»	1	2	64
....	»	»	»	»	»			»	»		»	»	»	»	»	1	2	67
....	»	»	»	»	»			»	»		»	»	»	»	»	1	2	111
....	»	»	»	»	»			»	»		»	»	»	»	»	1	2	89
....	»	»	»	»	»			»	»		»	»	»	»	»	1	1	75
....	»	»	»	»	»			»	»		»	»	»	»	»	1	2	114
A reporter	50	34	186	408	193			46	43		13.980	9.487	270	639	23.636	511	1.037	43.370

N° 20 — STATISTIQUES DE L'INSTRUCTION PUBLIQUE. ENSEIGNEMENT PRIMAIRE ANNÉE 1906 (ÉCOLES INDIGÈNES)

LOCALITÉS	OFFICIEL — Nombre d'écoles			OFFICIEL — Nombre de professeurs laïques — Hommes		OFFICIEL — Femmes		OFFICIEL — Nombre d'élèves		OFFICIEL — Totaux			LIBRE — Nombre d'écoles			LIBRE — Nombre de professeurs — Laïques				LIBRE — Congréganistes			LIBRE — Nombre d'élèves		LIBRE — Totaux			TOTAL
	Garçons	Filles	Mixtes	Européens	Indigènes	Européennes	Indigènes	Garçons	Filles	Écoles	Professeurs	Élèves	Garçons	Filles	Mixtes	Hommes	Femmes	Qualité	Nationalité	Hommes	Femmes	Nationalité	Garçons	Filles	Écoles	Professeurs	Élèves	Nombre d'écoles
Report	18	5	222	1	248	1	138	14.025	5.870	251	386	19.895	30	35	185	408	152			66	53		13.980	9.467	270	639	23.666	511
[illegible]	»	»	1	»	1	»	»	71	34	1	1	105	»	»	»	»	»			»	»		»	»	»	»	»	1
[illegible] Est	»	»	1	»	1	»	1	27	19	1	2	46	»	»	»	»	»			»	»		»	»	»	»	»	1
[illegible]	»	»	1	»	1	»	1	78	41	1	2	119	»	»	»	»	»			»	»		»	»	»	»	»	1
[illegible]	»	»	1	»	1	»	1	52	38	1	2	90	»	»	»	»	»			»	»		»	»	»	»	»	1
[illegible] Ouest	»	»	1	»	1	»	1	56	37	1	2	93	»	»	»	»	»			»	»		»	»	»	»	»	1
[illegible]	»	»	1	»	1	»	»	68	42	1	1	110	»	»	»	»	»			»	»		»	»	»	»	»	1
[illegible]	»	»	1	»	1	»	»	57	35	1	1	92	»	»	»	»	»			»	»		»	»	»	»	»	1
[illegible]	»	»	1	»	1	»	1	118	73	1	2	191	»	»	»	»	»			»	»		»	»	»	»	»	1
[illegible] Nord	»	»	1	»	1	»	»	87	47	1	1	134	»	»	»	»	»			»	»		»	»	»	»	»	1
[illegible]	»	»	1	»	1	»	1	146	59	1	2	205	»	»	»	»	»			»	»		»	»	»	»	»	1
[illegible]	»	»	1	»	1	»	1	69	59	1	2	128	»	»	»	»	»			»	»		»	»	»	»	»	1
[illegible]	»	»	1	»	1	»	»	59	35	1	1	94	»	»	»	»	»			»	»		»	»	»	»	»	1
[illegible]	»	»	1	»	1	»	1	49	21	1	2	70	»	»	»	»	»			»	»		»	»	»	»	»	1
[illegible]	»	»	1	»	1	»	1	52	23	1	2	75	»	»	»	»	»			»	»		»	»	»	»	»	1
[illegible] Sud	»	»	1	»	1	»	»	53	29	1	1	82	»	»	»	»	»			»	»		»	»	»	»	»	1
[illegible]	»	»	1	»	1	»	»	51	30	1	1	81	»	»	»	»	»			»	»		»	»	»	»	»	1
[illegible]	»	»	1	»	1	»	1	86	58	1	2	144	»	»	»	»	»			»	»		»	»	»	»	»	1
[illegible]	»	»	1	»	1	»	1	33	24	1	2	57	»	»	»	»	»			»	»		»	»	»	»	»	1
[illegible]-ville	»	»	1	»	1	»	1	25	10	1	2	35	»	»	1	1	»	indigène.		»	»		53	37	1	1	90	2
[illegible]	»	»	»	»	»	»	»	»	»	»	»	»	»	»	2	1	»	—		»	1	française.	50	50	2	2	100	2
PROVINCE DE MAJUNGA																												
M-Junga (Mahabibo)	»	»	1	»	2	»	1	50	33	1	3	83	»	»	»	»	»			»	»		»	»	»	»	»	1
A reporter	18	5	242	1	270	1	151	15.403	6.007	261	432	21.910	30	36	189	410	153			66	54		14.012	9.505	273	642	23.630	531

N° 20 — STATISTIQUES DE L'INSTRUCTION PUBLIQUE, ENSEIGNEMENT PRIMAIRE ANNÉE 1906 (ÉCOLES INDIGÈNES)

LOCALITÉS	OFFICIEL												LIBRE															TOTAUX GÉNÉRAUX		
	Nombre d'écoles			Nombre de professeurs laïques				Nombre d'élèves		Totaux			Nombre d'écoles			Nombre de professeurs							Nombre d'élèves		Totaux					
				Hommes		Femmes										Laïques				Congréganistes										
	Garçons.	Filles.	Mixtes.	Européens et assimilés.	Indigènes.	Européennes et assimilées.	Indigènes.	Garçons.	Filles.	Écoles.	Professeurs.	Élèves.	Garçons.	Filles.	Mixtes.	Hommes.	Femmes.	Qualité.	Nationalité.	Hommes.	Femmes.	Nationalité.	Garçons.	Filles.	Écoles.	Professeurs.	Élèves.	Nombre d'écoles.	Nombre de professeurs.	Nombre d'élèves.
Report	14	5	212	1	379	1	151	16.103	6.607	261	532	21.910	50	34	189	410	162			46	44		14.012	9.584	272	612	23.866	538	1.075	45.920
	»	»	1	»	1	»	»	85	40	1	1	125	»	»	»	»	»			»	»		»	»	»	»	»	1	1	125
…-le-Moe…	»	»	1	»	1	»	»	5	3	1	1	8	»	»	»	»	»			»	»		»	»	»	»	»	1	1	8
…	»	»	1	»	1	»	»	93	6	1	1	99	»	»	»	»	»			»	»		»	»	»	»	»	1	1	99
PROVINCE D'ANALALAVA																														
	1	1	»	»	3	»	2	54	44	2	5	98	»	»	»	»	»			»	»		»	»	»	»	»	2	5	98
	»	»	1	»	1	»	1	34	17	1	2	51	»	»	»	»	»			»	»		»	»	»	»	»	1	2	51
	»	»	1	»	1	»	1	30	19	1	2	49	»	»	»	»	»			»	»		»	»	»	»	»	1	2	49
	»	»	1	»	1	»	»	33	20	1	1	53	»	»	»	»	»			»	»		»	»	»	»	»	1	1	53
	»	»	1	»	1	»	1	58	17	1	2	75	»	»	»	»	»			»	»		»	»	»	»	»	1	2	75
…drevy	»	»	1	»	1	»	1	52	32	1	2	84	»	»	»	»	»			»	»		»	»	»	»	»	1	2	84
…rina	»	»	1	»	1	»	1	50	33	1	2	83	»	»	»	»	»			»	»		»	»	»	»	»	1	2	83
…	»	»	1	»	1	»	»	75	10	1	1	85	»	»	»	»	»			»	»		»	»	»	»	»	1	1	85
…y	»	»	1	»	1	»	»	25	4	1	1	29	»	»	»	»	»			»	»		»	»	»	»	»	1	1	29
…	»	»	1	»	1	»	1	42	20	1	2	62	»	»	»	»	»			»	»		»	»	»	»	»	1	2	62
	»	»	1	»	1	»	»	32	4	1	1	36	»	»	»	»	»			»	»		»	»	»	»	»	1	1	36
…ento	»	»	1	»	1	»	»	32	19	1	1	51	»	»	»	»	»			»	»		»	»	»	»	»	1	1	51
PROVINCE DE MANANJARY																														
	»	»	1	»	2	»	2	84	12	1	4	96	2	2	4	0	3	indigène.		»	3	française.	223	233	8	15	456	9	19	551
A reporter	15	5	257	1	396	1	161	16.987	6.907	278	464	22.954	52	36	193	410	165			46	47		14.298	9.817	281	637	24.311	560	1.118	47.055

N° 20 — STATISTIQUES DE L'INSTRUCTION PUBLIQUE. ENSEIGNEMENT PRIMAIRE ANNÉE 1906 (ÉCOLES INDIGÈNES)

LOCALITÉS	OFFICIEL — Nombre d'écoles			Nombre de professeurs laïques — Hommes		Femmes		Nombre d'élèves		Totaux		
	Garçons	Filles	Mixtes	Européens ou assimilés	Indigènes	Européennes ou assimilées	Indigènes	Garçons	Filles	Écoles	Professeurs	Élèves
Report	15	6	237	1	298	1	161	16.037	6.907	278	501	22.944
Mahela	»	»	1	»	1	»	»	39	25	1	1	64
Sahavato	»	»	1	»	1	»	1	62	4	1	2	66
Marolady	»	»	1	»	1	»	1	44	21	1	2	65
Kianjavato	»	»	1	»	1	»	1	33	17	1	2	50
Vohi-ravola	»	»	1	»	1	»	1	26	10	1	2	36
PROVINCE DE NOSSI-BÉ												
Hell-Ville	1	»	»	»	1	»	»	30	»	1	1	30
Ambalikabe	»	»	1	»	1	»	»	80	20	1	1	100
Ambatoharanana	1	»	»	»	1	»	»	80	»	1	1	80
Andranomandevy	1	»	»	»	1	»	»	65	»	1	1	65
Bemanevika	1	»	»	»	1	»	»	90	»	1	1	90
Ambalify	1	»	»	»	1	»	»	36	»	1	1	36
Ambalihimadiro	1	»	»	»	1	»	»	50	»	1	1	50
PROVINCE DE VOHÉMAR												
Vohémar	»	»	1	»	1	»	1	46	31	1	2	77
Ambodisatrana	»	»	1	»	1	»	1	26	28	1	1	54
Ampisikina	»	»	1	»	1	»	»	31	15	1	1	46
Antsopanahy	»	»	1	»	1	»	»	20	3	1	1	23
Tampoketsy	»	»	1	»	1	»	»	12	8	1	1	20
A reporter	21	6	260	1	310	1	166	16.810	7.087	295	483	23.897

LOCALITÉS	LIBRE — Nombre d'écoles			Nombre de professeurs — Laïques				Congréganistes			Nombre d'élèves		Totaux			TOTAUX
	Garçons	Filles	Mixtes	Hommes	Femmes	Qualité	Nationalité	Hommes	Femmes	Nationalité	Garçons	Filles	Écoles	Professeurs	Élèves	Nombre d'écoles
Report	52	36	193	419	185			46	47		14.206	9.877	281	657	24.511	550
Mahela	»	»	»	»	»			»	»		»	»	»	»	»	1
Sahavato	»	»	»	»	»			»	»		»	»	»	»	»	1
Marolady	»	»	»	»	»			»	»		»	»	»	»	»	1
Kianjavato	»	»	»	»	»			»	»		»	»	»	»	»	1
Vohi-ravola	»	»	»	»	»			»	»		»	»	»	»	»	1
PROVINCE DE NOSSI-BÉ																
Hell-Ville	»	»	»	»	»			»	»		»	»	»	»	»	1
Ambalikabe	»	»	»	»	»			»	»		»	»	»	»	»	1
Ambatoharanana	»	»	»	»	»			»	»		»	»	»	»	»	1
Andranomandevy	»	»	»	»	»			»	»		»	»	»	»	»	1
Bemanevika	»	»	»	»	»			»	»		»	»	»	»	»	1
Ambalify	»	»	»	»	»			»	»		»	»	»	»	»	1
Ambalihimadiro	»	»	»	»	»			»	»		»	»	»	»	»	1
PROVINCE DE VOHÉMAR																
Vohémar	»	1	»	»	»			»	2	française	»	33	1	2	33	2
Ambodisatrana	»	»	»	»	»			»	»		»	»	»	»	»	1
Ampisikina	»	»	»	»	»			»	»		»	»	»	»	»	1
Antsopanahy	»	»	»	»	»			»	»		»	»	»	»	»	1
Tampoketsy	»	»	»	»	»			»	»		»	»	»	»	»	1
A reporter	52	37	193	419	185			46	49		14.204	9.832	282	650	24.356	577

N° 20 — STATISTIQUES DE L'INSTRUCTION PUBLIQUE, ENSEIGNEMENT PRIMAIRE ANNÉE 1906 (ÉCOLES INDIGÈNES)

LOCALITÉS	OFFICIEL												LIBRE															TOTAUX GÉNÉRAUX		
	NOMBRE D'ÉCOLES			NOMBRE DE PROFESSEURS LAÏQUES				NOMBRE D'ÉLÈVES		TOTAUX			NOMBRE D'ÉCOLES			NOMBRE DES PROFESSEURS							NOMBRE D'ÉLÈVES		TOTAUX					
				Hommes.		Femmes.										Laïques				Congréganistes										
	Garçons.	Filles.	Mixtes.	Européens ou assimilés.	Indigènes.	Européennes ou assimilées.	Indigènes.	Garçons.	Filles.	Écoles.	Professeurs.	Élèves.	Garçons.	Filles.	Mixtes.	Hommes.	Femmes.	Qualité.	Nationalité.	Hommes.	Femmes.	Nationalité.	Garçons.	Filles.	Écoles.	Professeurs.	Élèves.	Nombre d'écoles.	Nombre de professeurs.	Nombre d'élèves.
Report..........	21	6	208	1	315	1	166	16.810	7.087	295	483	23.897	52	37	193	419	145			46	49		14.294	9.052	282	650	23.346	577	1.142	48.092
....	»	»	1	»	1	»	»	10	7	1	1	17	»	»	»	»	»			»	»		»	»	»	»	»	1	1	17
....	»	»	1	»	1	»	»	20	20	1	1	40	»	»	»	»	»			»	»		»	»	»	»	»	1	1	40
....	»	»	1	»	1	»	»	16	17	1	1	33	»	»	»	»	»			»	»		»	»	»	»	»	1	1	33
....	»	»	1	»	1	»	1	31	25	1	2	56	»	»	»	»	»			»	»		»	»	»	»	»	1	2	56
....	»	»	1	»	1	»	»	32	20	1	1	52	»	»	»	»	»			»	»		»	»	»	»	»	1	1	52
....	»	»	1	»	1	»	»	19	9	1	1	28	»	»	»	»	»			»	»		»	»	»	»	»	1	1	28
....	»	»	1	»	1	»	»	21	13	1	1	34	»	»	»	»	»			»	»		»	»	»	»	»	1	1	34
....	»	»	1	»	1	»	»	17	8	1	1	25	»	»	»	»	»			»	»		»	»	»	»	»	1	1	25
....	»	»	1	»	1	»	»	25	12	1	1	37	»	»	»	»	»			»	»		»	»	»	»	»	1	1	37
....	»	»	1	»	1	»	»	15	8	1	1	23	»	»	»	»	»			»	»		»	»	»	»	»	1	1	23
....	»	»	1	»	1	»	»	36	23	1	1	59	»	»	»	»	»			»	»		»	»	»	»	»	1	1	59
....	»	»	1	»	1	»	»	13	8	1	1	21	»	»	»	»	»			»	»		»	»	»	»	»	1	1	21
....	»	»	1	»	1	»	»	20	5	1	1	25	»	»	»	»	»			»	»		»	»	»	»	»	1	1	25
....	»	»	1	»	1	»	»	30	24	1	1	54	»	»	»	»	»			»	»		»	»	»	»	»	1	1	54
....	»	»	1	»	1	»	»	35	14	1	1	49	»	»	»	»	»			»	»		»	»	»	»	»	1	1	49
CERCLE DE MORONDAVA																														
....	»	»	1	»	1	»	1	60	27	1	2	87	»	»	»	»	»			»	»		»	»	»	»	»	1	2	87
....	»	»	1	»	1	»	1	60	40	1	2	100	»	»	»	»	»			»	»		»	»	»	»	»	1	2	100
....	»	»	1	»	1	»	1	84	52	1	2	136	»	»	»	»	»			»	»		»	»	»	»	»	1	2	136
....	»	»	1	»	1	»	»	20	20	1	1	40	»	»	»	»	»			»	»		»	»	»	»	»	1	1	40
....	»	»	1	»	1	»	1	134	80	1	2	214	»	»	»	»	»			»	»		»	»	»	»	»	1	2	214
À reporter..........	21	6	228	1	335	1	171	17.306	7.519	315	508	25.027	52	37	193	419	145			46	49		14.294	9.052	282	620	23.346	597	1.167	49.173

N° 20 — STATISTIQUES DE L'INSTRUCTION PUBLIQUE. ENSEIGNEMENT PRIMAIRE ANNÉE 1906 (ÉCOLES INDIGÈNES)

OFFICIELLE

LOCALITÉS	Nombre d'écoles: Garçons	Filles	Mixtes	Nombre de instituteurs: Hommes: Européens	Indigènes	Femmes: Européennes	Indigènes	Nombre d'élèves: Garçons	Filles	Totaux: Écoles	Professeurs	Élèves
Report	21	6	189	1	335	1	171	17.508	7.519	315	508	25.027
CERCLE DE MAINTIRANO												
Beravina	»	»	1	»	1	»	»	42	40	1	1	82
Ankilabih	»	»	1	»	1	»	»	35	20	1	1	55
Beberija	»	»	»	»	»	»	»	»	»	»	»	»
PROVINCE DE MAROANTSETRA												
Antanambe	»	»	1	»	1	»	»	27	20	1	1	47
Maroantsetra	»	»	1	»	2	»	»	60	15	1	2	75
Andimoaitoda	»	»	1	»	1	»	»	30	20	1	1	50
Mahavelona	»	»	1	»	1	»	»	26	16	1	1	42
Marambia	»	»	1	»	1	»	»	19	11	1	1	30
Anjanazana	»	»	1	»	1	»	»	41	26	1	1	67
Andranofotsy	»	»	1	»	1	»	»	19	17	1	1	36
Manarara	»	»	1	»	1	»	1	24	19	1	2	43
Rantambe	»	»	1	»	1	»	»	40	18	1	1	58
Antsasadam	»	»	1	»	1	»	»	60	15	1	1	75
Navana	»	»	1	»	1	»	»	25	16	1	1	40
Nosifiaosy	»	»	1	»	1	»	»	5	2	1	1	7
Mandritsara	»	»	1	»	1	»	1	60	10	1	2	[illegible]
Ambodiaf	»	»	1	»	1	»	»	55	20	1	1	75
Tsarajomaka	»	»	1	»	1	»	»	35	[illegible]	1	1	[illegible]
A reporter	21	6	206	1	353	1	173	18.012	7.825	412	528	25.187

LIBRE

LOCALITÉS	Nombre d'écoles: Garçons	Filles	Mixtes	Nombre de professeurs: Laïques: Hommes	Femmes	Qualité	Nationalité	Congréganistes: Hommes	Femmes	Nationalité	Nombre d'élèves: Garçons	Filles	Totaux: Écoles	Professeurs	Élèves
Report	52	37	193	419	155			46	40		15.204	9.452	282	650	24.346
CERCLE DE MAINTIRANO															
Beravina	»	»	»	»	»			»	»		»	»	»	»	»
Ankilabih	»	»	»	»	»			»	»		»	»	»	»	»
Beberija	»	»	1 (1)	1	»	soldat	français	»	»		55	52	1	1	107
PROVINCE DE MAROANTSETRA															
Antanambe	»	»	»	»	»			»	»		»	»	»	»	»
Maroantsetra	»	»	»	»	»			»	»		»	»	»	»	»
Andimoaitoda	»	»	»	»	»			»	»		»	»	»	»	»
Mahavelona	»	»	»	»	»			»	»		»	»	»	»	»
Marambia	»	»	»	»	»			»	»		»	»	»	»	»
Anjanazana	»	»	»	»	»			»	»		»	»	»	»	»
Andranofotsy	»	»	»	»	»			»	»		»	»	»	»	»
Manarara	»	»	»	»	»			»	»		»	»	»	»	»
Rantambe	»	»	»	»	»			»	»		»	»	»	»	»
Antsasadam	»	»	»	»	»			»	»		»	»	»	»	»
Navana	»	»	»	»	»			»	»		»	»	»	»	»
Nosifiaosy	»	»	»	»	»			»	»		»	»	»	»	»
Mandritsara	»	»	»	»	»			»	»		»	»	»	»	»
Ambodiaf	»	»	»	»	»			»	»		»	»	»	»	»
Tsarajomaka	»	»	»	»	»			»	»		»	»	»	»	»
A reporter	52	37	194	420	155			46	40		15.349	9.005	283	660	24.553

N° 20 — STATISTIQUES DE L'INSTRUCTION PUBLIQUE. ENSEIGNEMENT PRIMAIRE ANNÉE 1906 (ÉCOLES INDIGÈNES)

OFFICIEL

LOCALITÉS	Nombre d'écoles: Garçons	Nombre d'écoles: Filles	Nombre d'écoles: Mixtes	Professeurs laïques, Hommes: Européens ou assimilés	Professeurs laïques, Hommes: Indigènes	Professeurs laïques, Femmes: Européennes ou assimilées	Professeurs laïques, Femmes: Indigènes	Nombre d'élèves: Garçons	Nombre d'élèves: Filles	Totaux: Écoles	Totaux: Professeurs	Totaux: Élèves
Report	21	6	303	1	332	1	173	18.062	7.825	332	526	25.887
....	»	»	1	»	1	»	»	43	5	1	1	48
COMMUNE DE SAINTE-MARIE												
...e	»	»	1	»	4	»	1	85	40	1	5	125
CERCLE DE MAEVATANANA												
....	»	»	1	»	2	»	1	51	41	1	3	92
....	»	»	1	»	1	»	»	66	35	1	1	101
....	»	»	1	»	1	»	»	52	26	1	1	78
....	»	»	1	»	1	»	»	45	11	1	1	56
....	»	»	1	»	1	»	»	33	21	1	1	54
....	»	»	1	»	1	»	»	25	»	1	1	25
....	»	»	1	»	1	»	»	35	»	1	1	35
....	»	»	1	»	1	»	1	41	16	1	2	57
....	»	»	1	»	1	»	»	52	»	1	1	52
....	»	»	1	»	1	»	»	35	15	1	1	50
....	»	»	1	»	1	»	»	33	18	1	1	51
...ndloy	»	»	1	»	1	»	»	32	13	1	1	45
....	»	»	1	»	1	»	»	80	23	1	1	103
....	»	»	1	»	1	»	»	39	»	1	1	39
A reporter	21	6	321	1	373	1	176	18.807	8.109	348	551	26.898

LIBRE and **TOTAUX GÉNÉRAUX**

LOCALITÉS	Nombre d'écoles: Garçons	Nombre d'écoles: Filles	Nombre d'écoles: Mixtes	Professeurs laïques: Hommes	Professeurs laïques: Femmes	Professeurs laïques: Qualité	Professeurs laïques: Nationalité	Congréganistes: Hommes	Congréganistes: Femmes	Congréganistes: Nationalité	Nombre d'élèves: Garçons	Nombre d'élèves: Filles	Totaux: Écoles	Totaux: Professeurs	Totaux: Élèves	Totaux généraux: Nombre d'écoles	Totaux généraux: Nombre de professeurs	Totaux généraux: Nombre d'élèves
Report	52	37	108	420	155			40	49		14.399	9.904	201	660	24.443	615	1.186	50.150
....	»	»	»	»	»			»	»		»	»	»	»	»	1	1	48
COMMUNE DE SAINTE-MARIE																		
...e	»	»	»	»	»			»	»		»	»	»	»	»	1	5	125
CERCLE DE MAEVATANANA																		
....	»	»	»	»	»			»	»		»	»	»	»	»	1	3	92
....	»	»	»	»	»			»	»		»	»	»	»	»	1	1	101
....	»	»	»	»	»			»	»		»	»	»	»	»	1	1	78
....	»	»	»	»	»			»	»		»	»	»	»	»	1	1	56
....	»	»	»	»	»			»	»		»	»	»	»	»	1	1	54
....	»	»	»	»	»			»	»		»	»	»	»	»	1	1	25
....	»	»	»	»	»			»	»		»	»	»	»	»	1	1	35
....	»	»	»	»	»			»	»		»	»	»	»	»	1	2	57
....	»	»	»	»	»			»	»		»	»	»	»	»	1	1	52
....	»	»	»	»	»			»	»		»	»	»	»	»	1	1	50
....	»	»	»	»	»			»	»		»	»	»	»	»	1	1	51
...ndloy	»	»	»	»	»			»	»		»	»	»	»	»	1	1	45
....	»	»	»	»	»			»	»		»	»	»	»	»	1	1	103
....	»	»	»	»	»			»	»		»	»	»	»	»	1	1	39
A reporter	52	37	108	420	155			56	50		15.300	9.904	283	660	25.553	631	1.211	51.159

N° 20 — STATISTIQUES DE L'INSTRUCTION PUBLIQUE. ENSEIGNEMENT PRIMAIRE ANNÉE 1906 ÉCOLES INDIGÈNES

OFFICIEL

LOCALITÉS	Nombre d'écoles: Garçons	Filles	Mixtes	Nombre de professeurs: Hommes		Femmes		Nombre d'élèves: Garçons	Filles	Totaux: Écoles	Professeurs	Élèves
Report	21	6	321	1	373	1	170	18.807	8.000	348	551	26.806
PROVINCE DE DIÉGO SUAREZ												
[illegible]	»	»	1	»	1	»	»	38	17	1	1	55
Cap Diégo	»	»	1	»	1	»	»	17	15	1	1	32
PROVINCE DE BETROKA												
[illegible]	1	»	»	»	1	»	»	56	»	1	1	56
[illegible]	1	»	»	»	1	»	»	50	»	1	1	50
[illegible] (quartier de [illegible])	»	»	»	»	»	»	»	»	»	»	»	»
[illegible]	»	»	»	»	»	»	»	»	»	»	»	»
[illegible]	»	»	»	»	»	»	»	»	»	»	»	»
Midongy du Sud	1	»	»	»	1	»	»	75	»	1	1	75
[illegible]	1	»	»	»	1	»	»	50	»	1	1	50
[illegible]	1	»	»	»	1 [illegible]	»	»	35	»	1	1	35
Betroka	»	»	1	»	1	»	1	42	11	1	1	53
[illegible]	»	»	1	»	2	»	1	62	41	1	3	103
CERCLE DE TULÉAR												
[illegible]	»	»	1	»	1	»	1	75	85	1	2	160
[illegible]	»	»	1	»	1	»	1	50	12	1	2	62
Totaux généraux	80	6	327	1	385	1	180	19.356	8.251	360	563	27.625

LIBRE

LOCALITÉS	Nombre d'écoles: Garçons	Filles	Mixtes	Professeurs laïques: Hommes	Femmes	Qualité	Nationalité	Congréganistes: Hommes	Femmes	Nationalité	Nombre d'élèves: Garçons	Filles	Totaux: Écoles	Professeurs	Élèves	TOTAL
Report	32	37	195	420	145			56	51		24.459	9.905	283	691	34.453	631
PROVINCE DE DIÉGO SUAREZ																
[illegible]	»	»	»	»	»			»	»		»	»	»	»	»	1
Cap Diégo	»	»	»	»	»			»	»		»	»	»	»	»	1
PROVINCE DE BETROKA																
[illegible]	»	»	»	»	»			»	»		»	»	»	»	»	1
[illegible]	»	»	»	»	»			»	»		»	»	»	»	»	1
[illegible] (quartier de [illegible])	»	»	1	1	»		indigène	»	»		32	21	1	1	53	1
[illegible]	»	»	1	1	»		»	»	»		35	28	1	1	63	1
[illegible]	»	»	1	1	»			»	»		35	30	1	1	65	1
Midongy du Sud	»	»	»	»	»			»	»		»	»	»	»	»	1
[illegible]	»	»	»	»	»			»	»		»	»	»	»	»	1
[illegible]	»	»	»	»	»			»	»		»	»	»	»	»	1
Betroka	»	»	»	»	»			»	»		»	»	»	»	»	1
[illegible]	»	»	»	»	»			»	»		»	»	»	»	»	1
CERCLE DE TULÉAR																
[illegible]	»	»	»	»	»			»	»		»	»	»	»	»	1
[illegible]	»	»	»	»	»			»	»		»	»	»	»	»	1
Totaux généraux	32	37	197	423	145			56	52		[illegible]	[illegible]	286	[illegible]	[illegible]	[illegible]

N° 21 — STATISTIQUES DE L'INSTRUCTION PUBLIQUE — ENSEIGNEMENT PRIMAIRE DONNÉ AUX ENFANTS EUROPÉENS OU ASSIMILÉS. ANNÉE 1906

LOCALITÉS	OFFICIEL (laïque ou ...)											
	NOMBRE D'ÉCOLES			NOMBRE DE PROFESSEURS				NOMBRE D'ÉLÈVES		TOTAUX		
				Hommes		Femmes						
	Garçons	Filles	Mixtes	Européens et assimilés	Indigènes	Européennes et assimilées	Indigènes	Garçons	Filles	Écoles	Professeurs	Élèves
PROVINCE DE TANANARIVE												
	1	1	»	2	»	2	»	50	17	2	4	67
PROVINCE DE TAMATAVE												
	1	1	»	2	»	2	»	41	78	2	4	119
PROVINCE DE NOSSI-BÉ												
	»	»	1	»	»	1	»	12	17	1	1	29
PROVINCE DE MAJUNGA												
	1	1	»	1	»	1	»	30	27	2	2	57
PROVINCE DE VOHÉMAR												
	»	»	»	»	»	»	»	»	»	»	»	»
	»	»	»	»	»	»	»	»	»	»	»	»
PROVINCE DES BETSIMISARAKA DU SUD												
	»	»	»	»	»	»	»	»	»	»	»	»
PROVINCE DE DIÉGO-SUAREZ												
	1	1	»	2	»	1	»	32	40	2	3	72
PROVINCE DE MANANJARY												
	»	»	1	»	»	1	»	1	2	1	1	3
TOTAUX	5	6	2	7	»	8	»	169	181	10	15	347

LOCALITÉS	LIBRE															TOTAUX GÉNÉRAUX		
	NOMBRE D'ÉCOLES			NOMBRE DE PROFESSEURS							NOMBRE D'ÉLÈVES		TOTAUX					
				Laïques				Congréganistes										
	Garçons	Filles	Mixtes	Hommes	Femmes	Qualité	Nationalité	Hommes	Femmes	Nationalité	Garçons	Filles	Écoles	Professeurs	Élèves	Nombre d'écoles	Nombre de professeurs	Nombre d'élèves
PROVINCE DE TANANARIVE																		
	1	1	»	»	»			»	5	française	11	35	2	5	47	4	9	114
PROVINCE DE TAMATAVE																		
	1	1	3	»	4		française	6	8	française	130	153	5	18	283	7	22	402
PROVINCE DE NOSSI-BÉ																		
	»	»	»	»	»			»	»		»	»	»	»	»	1	1	29
PROVINCE DE MAJUNGA																		
	2	2	»	»	»			2	4	française	60	52	4	6	112	6	8	169
PROVINCE DE VOHÉMAR																		
	1	1	»	»	»			1	»		30	»	1	1	30	1	1	30
	»	»	1	»	1		anglaise	»	»		7	5	1	1	12	1	1	12
PROVINCE DES BETSIMISARAKA DU SUD																		
	»	1	1	»	1		française	»	»		8	7	1	1	15	1	1	15
PROVINCE DE DIÉGO-SUAREZ																		
	1	1	»	2	»		française	»	2	française	61	48	2	4	109	4	7	181
PROVINCE DE MANANJARY																		
	»	»	1	»	»			»	1		16	19	»	»	»	2	4	3
TOTAUX	6	5	6	2	8			9	21		324	320	16	30	600	27	[illegible]	960

N° 22 — STATISTIQUES DE L'INSTRUCTION PUBLIQUE — ÉCOLES MATERNELLES FRÉQUENTÉES PAR LES ENFANTS EUROPÉENS OU ASSIMILÉS (ANNÉE 1906)

LOCALITÉS	ENSEIGNEMENT OFFICIEL												ENSEIGNEMENT LIBRE															TOTAUX	
	Nombre d'écoles			Nombre de personnel laïque				Nombre d'élèves		Totaux			Nombre d'écoles			Nombre de professeurs							Nombre d'élèves		Totaux				
				Hommes		Femmes										Laïques				Congréganistes									
	Garçons	Filles	Mixtes	Européens ou assimilés	Indigènes	Européennes ou assimilées	Indigènes	Garçons	Filles	Écoles	Professeurs	Élèves	Garçons	Filles	Mixtes	Hommes	Femmes	Qualité	Nationalité	Hommes	Femmes	Nationalité	Garçons	Filles	Écoles	Professeurs	Élèves	Nombre d'écoles	[illegible]
PROVINCE DE TANANARIVE																													
Tananarive	»	»	1	»	»	1	»	16	18	1	1	34	»	»	1	»	»			»	1	française	20	22	1	1	42	2	
PROVINCE DE TAMATAVE																													
Tamatave	»	»	1	»	»	1	»	20	20	1	1	40	»	»	»	»	»			»	»		»	»	»	»	»	1	
PROVINCE DE MAJUNGA																													
Majunga	»	»	1	»	»	1	1	10	10	1	2	20	»	»	»	»	»			»	»		»	»	»	»	»	1	
PROVINCE DE DIÉGO-SUAREZ																													
Diégo-Suarez	»	»	1	»	»	2	»	40	43	1	2	83	»	»	»	»	»			»	»		»	»	»	»	»	1	
Totaux	»	»	4	»	»	5	1	86	91	4	6	177	»	»	1	»	»			»	1		20	22	1	1	42	5	

N° 23 — STATISTIQUES DE L'INSTRUCTION PUBLIQUE (RÉCAPITULATION)

ÉCOLES FRÉQUENTÉES PAR LES ENFANTS EUROPÉENS (ANNÉE 1906)

ÉCOLES	NOMBRE D'ÉCOLES			NOMBRE DE PROFESSEURS						NOMBRE D'ÉLÈVES		BUDGET COLONIAL	BUDGET COMMUNAL	DÉPENSES TOTALES
				LAIQUES				CONGRÉGANISTES européens ou assimilés						
				Hommes.		Femmes.								
	Garçons.	Filles.	Mixtes.	Européens ou assimilés.	Indigènes.	Européennes ou assimilées.	Indigènes.	Hommes.	Femmes.	Garçons.	Filles.			
Écoles primaires	10	9	8	9	»	14	»	9	22	490	500	»	»	»
Écoles maternelles	»	»	5	»	»	5	1	»	1	106	113	»	»	»
TOTAUX	10	9	13	9	»	19	1	9	23	596	613	»	»	»

N° 24 — STATISTIQUES DE L'INSTRUCTION PUBLIQUE (RÉCAPITULATIO

ÉCOLES FRÉQUENTÉES PAR LES INDIGÈNES (ANNÉE 1906)

ÉCOLES	NOMBRE D'ÉCOLES			NOMBRE DE PROFESSEURS						NOMBRE D'ÉLÈVES		BUDGET	BUDGET	DÉ
				LAÏQUES				CONGRÉGANISTES				COLONIAL	COMMUNAL	TO
				Hommes.		Femmes.								
	Garçons.	Filles.	Mixtes.	Européens ou assimilés.	Indigènes.	Européennes ou assimilées.	Indigènes.	Hommes.	Femmes.	Garçons.	Filles.			
Écoles normales	13	1	2	17	24	1	9	5	2	897	111	»	»	
École administrative	1	»	»	3	2	»	»	»	»	124	»	»	»	
Écoles professionnelles	14	10	3	18	58	9	27	5	»	878	588	»	»	
Écoles primaires	78	43	524	14	769	21	292	46	49	33.805	18.254	»	»	
TOTAUX	106	54	529	52	853	31	328	56	51	35.704	18.953	»	»	

VI

CHEMINS DE FER

N° 25. — CHEMIN DE FER DE TANANARIVE À LA CÔTE ORIENTALE EXPLOITÉ PAR LA COLONIE. RENSEIGNEMENTS GÉNÉRAUX.

ANNÉES	DATE DES LOIS ET DÉCRETS qui régissent [illegible]	DATE D'EXPIRATION des [illegible]	MONTANT des [illegible]	CAPITAL [illegible]	DÉPENSES [illegible]	LONGUEUR [illegible]			LARGEUR de la voie	NOMBRE des stations	NOMBRE des [illegible]	NOMBRE DE WAGONS		PERSONNEL		OBSERVATIONS
			francs	francs	fr. c.	km	km	km	m							
....	Loi du 14 avril 1900 autorisant la colonie de Madagascar à emprunter une somme de 45 millions pour la construction du chemin de fer. Modifié par la loi du 5 août 1908. Modifié par celui du 5 juin 1903.	"	"	"	29.511.719 43	50 "	"	225	1	20	"	"	"	"	"	
....	"	"	"	"	3[illegible].607.290 47	85 "	"	190	"	"	"	"	"	"	"	
....	Loi du 19 mars 1908 autorisant un emprunt supplémentaire de 15 millions.	"	"	"	58.208.873 01	158 8	103 (1)	127	"	"	9	14	36	"	"	(1) L'exploitation [illegible]
....	"	"	"	"	62.253.119 56	167 "	150	163	"	11	9	16	30	8 (2)	752 (3)	(2) [illegible] (3) [illegible]

N° 26 — CHEMIN DE FER DE TANANARIVE A LA COTE ORIENTALE EXPLOITÉ PAR LA COLONIE. RÉSULTATS GÉNÉRAUX DE L'EXPLOITATION

ANNÉES	LONGUEUR exploitée	NOMBRE [illegible]		NOMBRE [illegible]		PARCOURS [illegible] pendant l'année		PARCOURS [illegible] pendant l'année		PARCOURS [illegible] pendant l'année	NOMBRE [illegible]	RECETTES EN FRANCS			DÉPENSES d'exploitation	PRODUIT NET de l'exploitation	COEFFICIENT d'exploitation	OBSERVATIONS
		[illegible]	[illegible]	[illegible]	[illegible]	[illegible]	[illegible]	voitures à voyageurs	wagons, fourgons, etc.			[illegible]	[illegible]	totales				
	km					km	km	km	km	km		fr. c.	fr. c.	fr. c.	fr. c.	fr. c.		
1905 (1)	101.1	5 027	255.270	1,660	170.126	9.831	5.850	7,765	55.316	16.002	131	[illegible] 55	65.088 55	83.135 65	116.857 43	23.223 78	84 »	(1) Exploitation, par suite d'un cyclone, [illegible]
1906	150	18.298	1.324.170	18,901	2.166.900	55.712	177.793	71.236	702.092	213.515	8	151.143 95	250.565 90	[illegible]	611.448 04	210.121 50	66,35	

VII

CONCESSIONS

N° 27 — ÉTAT DES CONCESSIONS DE TERRE AU 1er JANVIER 1907

Provinces	Nombre de locations		Étendue des terrains loués		Nombre des concessions accordées à titre provisoire		Étendue des concessions à titre provisoire		Nombre des concessions ayant fait l'objet d'un titre définitif après mise en valeur		Étendue des concessions ayant fait l'objet d'un titre définitif après mise en valeur		Nombre des immeubles vendus sans mise en valeur préalable devant faire l'objet d'un titre provisoire		Étendue des immeubles vendus sans mise en valeur préalable devant faire l'objet d'un titre provisoire	
	A	B	A	B	A	B	A	B	A	B	A	B	A	B	A	B
			h. a. c.	h. a. c.			h. a. c.	h. a. c.			h. a. c.	h. a. c.			h. a. c.	h. a. c.
[illegible]	»	82	»	3.029 » »	»	141	»	5.955 » »	45	42	1 » »	670 »	»	»	»	»
[illegible]	2	14	0 09 10	104 11 29	98	84	15 11 47	3.090 79 71	50	44	30 03 21	1.236 05 41	»	»	»	»
[illegible]	1	»	3 50 »	»	88	74	8 57 11	1.504 90 16	33	16	3 61 03	387 04 75	»	»	»	»
[illegible]	»	»	»	»	378	1.654	37 80 »	1.958 » »	32	25	5 22 96	145 88 92	»	»	[illegible]	»
[illegible]	»	3	»	6.304 72 »	11	34	1 20 14	2.221 » »	1	6	0 10 52	436 79 90	3	4	0 10 78	4.340 71 »
[illegible]	1	7	0 15 40	305 01 54	86	01	13 98 79	8.334 80 01	50	36	4 43 42	15.330 03 85	8	»	0 37 72	»
[illegible]	1	12	0 80 »	1 001 37 »	28	119	10 16 »	29.305 79 »	27	32	18 25 »	1.503 08 »	»	»	»	»
[illegible]	4	1	53 » »	2.715 » »	149	99	10 73 17	9.103 07 05	70	60	19 06 43	6.412 95 84	1	»	0 14 90	»
[illegible]	2	1	5 » »	0 84 78	58	15	10 71 84	1.655 77 18	29	4	245 33 07	165 21 17	»	»	»	»
[illegible]	5	24	6 05 »	2.274 50 »	12	46	25 » »	4.252 » »	15	65	60 » »	6.762 » »	»	1	»	215 15 »
[illegible]	»	2	»	»	31	56	1 68 25	17.849 02 57	124	30	11 38 29	27.534 25 75	»	»	»	»
[illegible]	5	35	0 55 92	2.305 » »	173	22	6 22 55	5.314 44 »	8	03	2 64 »	40.775 73 »	111	»	12 71 92	»
[illegible]	»	»	»	»	13	2	0 77 05	65 95 55	3	»	0 34 88	»	»	»	»	»
[illegible]	»	2	»	4.723 » »	»	39	»	1.788 14 13	»	8	»	7.403 05 »	4	»	0 78 42	»
[illegible]	87	»	1 97 42	»	95	20	7 73 01	4.105 04 80	4	13	8 12 50	30 074 95 61	1	1	0 15 »	5 17 55
[illegible]	»	»	»	»	101	60	21 95 »	510 65 84	197	22	22 71 45	747 57 68	»	»	»	»
[illegible]	»	1	»	400 » »	1	9	4 70 84	1.024 53 71	1	5	24 » »	680 12 »	»	»	»	»
[illegible]	»	»	»	»	0	14	7 09 70	1.190 85 58	3	1	2 42 16	165 » »	»	»	»	»
[illegible]	»	13	»	1 765 69 93	»	106	»	11 730 73 58	»	50	»	5 705 30 48	5	6	157 72 21	9.227 21 07
[illegible]	»	»	»	»	4	11	5 07 28	531 80 53	»	12	5 04 61	606 17 72	»	»	»	»
[illegible]	»	»	»	»	19	12	7 18 30	6.295 30 05	11	»	27 53 56	142 02 22	4	2	0 23 93	5 51 38
[illegible]	1	»	0 50 »	»	15	61	6 00 17	3 523 02 »	6	450	0 50 55	1.207 00 35	9	11	10 00 01	37 65 »
[illegible]	»	»	»	»	»	2	»	29 65 »	3	»	0 27 11	»	1	»	3 17 28	»
[illegible]	»	»	»	»	63	20	7 85 03	574 20 20	82	9	47 14 32	651 51 93	»	»	»	»
[illegible]	»	»	»	»	7	4	0 74 30	12 55 18	»	»	»	»	»	»	»	»
Total	100	166	72 54 85	85.157 22 53	1.524	2.878	396 37 65	112.575 35 01	731	1.036	564 85 05	137.670 51 50	147	24	216 52 81	10.020 95 68

N° 28 — ÉTAT GÉNÉRAL DES CONCESSIONS TERRITORIALES AU-DESSUS DE 10.000 HECTARES AU 1er JANVIER 1907

NOM DU CONCESSIONNAIRE [illegible]	NOM DU REPRÉSENTANT [illegible]	NOMBRE [illegible]	CAPITAL SOCIAL	NATURE DE LA CONCESSION	SITUATION	DATE [illegible]	SUPERFICIE CONCÉDÉE	IMPORTANCE DES TROUPEAUX	DÉTAIL DES CULTURES ET AUTRES T[illegible]
			francs.				h. a.		
Marchal Auguste	Marchal Auguste	»	»	»	Tsilamahana (Cercle de Fort-Dauphin)	19 février 1899.	25.[illegible]	»	Terrain donné en toute propriété à M. Marcha[illegible] échange du jardin d'essais de Nampohana.
Compagnie occidentale de Madagascar	Dr Caspiel, directeur général	6 et 8 chefs de postes aurifères n'ayant pas d'appointements	6.400.000	Terrains de culture — Pâturages — Forêts — Terrains pour l'exploitation aurifère	Lots divers par tout le cercle de Maevatanana principalement vers Maevatanana, Antrilo et Ambato-Boeni	22 mai 1905.	100.000 »	Troupeau en voie de reconstitution	Cultures: Rizières : 30[illegible] hectares loués aux [illegible]; Manioc : 10 — —; Patates : 10 — —; Maïs : 1 — —. Les postes aurifères ont produit [illegible] gr. d'[illegible] En dehors de Maevatanana où la Compagnie pos[illegible] nombre d'immeubles sur sa propriété « Maeva[illegible] trouve quelques bâtiments servant de magasin[illegible] Ambato-Boeni, Madiro-alo, Ankaladina et Marohi[illegible]
M. Prudon	Un indigène est employé comme commandeur	35 indigènes comme gardiens et cultivateurs	»	Pâturages	Sud-est de Port-Bergé, vallée de l'Ikobaka, affluent de l'Anjobony et du Bemarivo (Province de Majunga)	1899	15.000 » ([illegible])	3.000 bœufs.	Cultures vivrières pour les indigènes employés sur[illegible]
Compagnie franco-malgache	Aucun représentant dans la province	»	4.000.000	Pâturages	Befandriana (Province d'Analalava)	23 février 1903.	75.000 »	»	Aucune mise en valeur. (Proposée pour annulat[illegible] provisoires en vertu de l'arrêté du 19 février 1900.[illegible]
		Totaux	10.400.000				215.[illegible]		

VIII

CULTURES

N° 29 — ÉTAT DE LA COLONISATION AGRICOLE EUROPÉENNE AU 1er JANVIER 1907

PROVINCES	NOMBRE des exploitations	SUPERFICIE TOTALE des exploitations en hectares	NOMBRE ET SALAIRES DES EMPLOYÉS: Nombre des européens employés	Indigènes de la colonie: Nombre	Indigènes de la colonie: Salaire quotidien moyen	Travailleurs étrangers non européens: Nombre	Travailleurs étrangers non européens: Salaire quotidien moyen	Total des ouvriers employés	PRINCIPALES CULTURES ET PRINCIPAUX PRODUITS: Désignation des principales cultures	Nombre d'hectares en culture ou en exploitation	Quantités récoltées	Valeur des récoltes	ANIMAUX DE FERME: [illegible]	[illegible]	[illegible]	[illegible]	[illegible]	[illegible]	[illegible]
		h. a. c.			fr. c.		fr. c.			h. a. c.	kilogr.	francs							
	229	25.066 54 »	362	1.428	1 »	-		1.428	Caoutchoutiers, riz, cultures maraîchères, maïs	1.718 » »	variable	variable	4	38	1.375		2	14	-
	95	1.083 50 -	55	253	0 80	-	-	253	Vanilliers, caféiers, riz, canne à sucre	296 - -	36.230	141.235	-	-	133	-	4	»	-
	29	674 15 67	32	78	0 80	10	3 50	88	Vanilliers, caféiers, manioc, cocotiers, maïs	105 66 33	709.738	115.060	-		26	6	-	-	-
	15	1.171 - »	14	70	0 55	-	-	70	Vanilliers, caféiers, cacaoyers, cocotiers	427 »	100.946	57.415	1	1	-	-	1	-	»
	93	19.431 12 29	55	2.112	0 60	-	-	2.122	Riz, cacaoyers, girofliers, cocotiers	6.341 51 »	675.560	363.509	2	3	5.079	7	3	12	
	103	32.238 81 04	40	655	0 60	-	-	655	Canne à sucre, riz, caféiers, maïs, cacaoyers	908 02 58	1.615.300	227.004	1	7	664	15	2	30	-
	129	21.509 50 »	129	1.025	0 40	»		1.025	Caféiers, vanilliers, riz, cacaoyers	2.667 26 »	430.455	130.654	9	13	3.352	410	5	29	
	28	9.125 »	35	304	0 30	-	-	304	Caféiers, riz, caoutchoutiers, vanilliers	1.288 - -	18.270	32.500	5	2	770	»	-	-	-
	11	1.361 04 26	5	144	0 30	-	-	144	Riz, caoutchoutiers, vanilliers, caféiers	203 14 22	118.125	34.305	»	»	53	-	-	-	-
	138	11.070 65 »	65	692	0 75	-	-	692	Riz, cocotiers, vanilliers, maïs, caféiers	4.419 30	4.227.930	709.065	11	10	3.400	25	14	55	-
	61	113.020 88 10	24	609	0 50	-		609	Riz, cocotiers, [illegible], bananiers, cotonniers	3.095	757.000	30.775	-	2	4.519	100	»	307	-
	30	30.590 » »	20	679	1 -	8	1 75	687	Riz, manioc, cocotiers, cultures maraîchères	1.604 - -	108.487	120.517	14	22	47.854	105	38	413	-
	2	60 95 55	2	9	0 50	»	-	9	Manioc, bananiers, maïs, cocotiers	19 73 05	15.700	2.295	»	-	2	28	-	-	»
	5	416 » »	3	53	0 80	»	»	55	Riz, bananiers, cotonniers	38 50 -	110.000	6.850	-	-	217		-	15	70
	17	33.361 08 10	14	182	0 50	-	»	182	Cocotiers, arbres fruitiers, manioc, maïs	2.571 44 53	123.800	14.565	1	2	2.108	382	2	114	-
	23	1.628 04 20	20	204	0 60	-	»	204	Riz, manioc, patates, pois du Cap	383 26 53	136.100	29.790	2	7	602	34	1	25	104
	17	2.078 40 63	9	1.030	0 40	-		1.030	Riz, manioc, patates, caféiers	218 50 »	1.007.180	21.250	-	2	840	11	1	43	325
	19	650 74 05	10	124	»	-	-	124	Manioc, riz, pommes de terre, patates	71 96 -	407.270	7.841	2	3	1.525	57	1	-	»
	300	22.480 55 90	90	3.626	0 50	-	-	3.626	Caféiers, riz, arbres fruitiers, manioc, ananas	2.319 46 15	235.477 815	1.965.382	55	34	606	291	13	30	
	11	1.137 27 15	»	140	0 40	-	»	140	Arbres fruitiers, mûriers, riz, manioc, caféiers	108 50 60	130.145	5.300	6	10	130	150	21	-	-
	8	6.248 17 45	9	42	0 40	»	-	33	Mûriers, caféiers, [illegible]	121 35 61	330	440	2	7	305	»	4	-	-
	42	2.183 - »	4	200	0 35	1	1 »	201	Caféiers, riz, maïs, vignes	366 » »	193.300	18.000	32	1	69	50	58		
	2	11 08 08	2	5	0 50	-	-	5	Arbres fruitiers, riz, cotonniers	9.05 »	3.200	575	»	3	50	»	-	-	-
	23	1.150 51 50	23	75	0 55	-	»	75	Manioc, cultures maraîchères, riz, caféiers	152 32 -	168.600	42.975	-	-	300	20	150	»	-
	»	»	»	»	-	»		»		»		»	-	»	-	-	-	-	-
Totaux	[illegible]	309.279 32 14	1.012	13.942		19	»	13.961		30.021 57 55	216.523.460	4.100.422	130	161	74.746	2.031	322	1.365	499

N° 30 — STATISTIQUES DES CULTURES DES EUROPÉENS ENTREPRISES A MADAGASCAR, AU 1er JANVIER 1907

DÉSIGNATION DES CULTURES	NOMBRE D'HECTARES en culture.	NOMBRE D'EXPLOITATIONS RURALES	PRODUITS DES CULTURES: ESPÈCE des unités.	QUANTITÉS récoltées.	VALEURS BRUTES	ESTIMATION des frais d'exploitation.	VALEURS NETTES	VALEUR APPROXIMATIVE DES PROPRIÉTÉS RURALES: VALEUR DES TERRES employées aux cultures.	VALEUR des bâtiments et du matériel.	VALEUR des animaux de trait et du bétail.
	h. a. c.			kilogr.	francs.	francs.	francs.	francs.	francs.	francs.
Vanilliers	1.217 18 88		kilogr.	59.045	905.901	205.100	700.801			
Caféiers	2.148 02 31		—	1.604.840	462.268	37.681	424.587			
Cacaoyers	545 37 12		—	43.870	90.025	3.300	86.725			
Cocotiers	3.016 » »		nombre	607.500	56.575	10.450	46.125			
Girofliers	207 60 »		kilogr.	7.725	13.655	7.395	6.260			
Théiers	»		»	»	»	»	»			
Caoutchoutiers	»		»	»	»	»	»			
Bananiers	557 70 51		régime	654.224	114.614	10.610	104.004			
Manguiers	12 64 09		kilogr.	221.760	7.080	1.468	5.612			
Arbres fruitiers	228 17 88		—	636.632	34.928	12.033	22.895			
Vignes	71 55 11			210.262	63.134	20.191	42.943			
Mûriers	83 70 13		—	360.080	26.201	8.521	17.680			
Tabac	3 90 »		—	1.620	1.480	170	1.310			
Canne à sucre	651 45 23		—	1.403.050	830.605	120.803	709.802			
Riz	6.178 04 90		—	6.198.954	517.238	95.630	421.608			
Manioc	912 21 83		—	2.974.425	100.396	28.393	72.003			
Arow-Root	1 » »		—	8.000	1.600	500	1.100			
Pommes de terre	80 02 34		—	138.585	13.772	6.118	7.654			
Patates	219 93 49		—	1.402.409	23.411	9.335	14.076			
Maïs	267 90 26		—	601.328	64.401	10.871	53.230			
Sorgho	41 50 »	760	—	14,000	1.700	300	1.400	6.455.540	1.916.140	1.065.847
Blé	0 24 40		litre	250	43	22	21			
Orge	0 24 40		—	250	42	41	1			
Mil	»		»	»	»	»	»			
Sarrasin	»		»	»	»	»	»			
Haricots	29 91 08		kilogr.	26.768	10.743	1.006	9.737			
Pois du cap	93 » »		—	28.000	4.150	250	3.900			
Saonjo	7 30 18		—	32.444	2.133	459	1.674			
Cultures maraichères	174 09 91		—	146.640	24.828	12.023	12.805			
Betteraves	»		»	»	»	»	»			
Luzerne	»		»	»	»	»	»			
Ananas	55 78 »		nombre	276.200	10.302	2.484	7.908			
Aloès	0 10 »		kilogr.	1.500	75	15	60			
Cotonniers	33 » »		—	2.000	2.360	1.300	1.060			
Ouatiers	»		»	»	»	»	»			
Ambrevade	1 » »		kilogr.	250	75	175	»			
Tsitoavina	3 53 »		—	1.765	176	59	117			
Arachides	8 08 »		—	16.314	5.852	191	5.661			
Canelliers	»		»	»	»	»	»			
Gingembre	3 96 »		kilogr.	13.200	2.772	1.386	1.386			
Voanjobory	2 39 »		—	2.151	387	193	194			

PROPRIÉTÉS EUROPÉENNES

N° 31 — COLONISATION AGRICOLE EUROPÉENNE, NOMBRE ET SUPERFICIE DES PROPRIÉTÉS AU 1er JANVIER 1907

PROPRIÉTÉ DE

PROVINCES	0 à 10 hectares			10 à 25 hectares			25 à 50 hectares			50 à 100 hectares		
	Nombre	Superficie totale	Superficie mise en valeur	Nombre	Superficie totale	Superficie mise en valeur	Nombre	Superficie totale	Superficie mise en valeur	Nombre	Superficie totale	Superficie mise en valeur
		h. a. c.	h. a. c.		h. a. c.	h. a. c.		h. a. c.	h. a. c.		h. a. c.	h. a. c.
Diégo-Suarez	134	649 95 »	278 » »	32	613 70 »	136 » »	17	642 » »	147 » »	22	1.396 90 »	205 » »
Vohémar	90	801 50 »	173 75 »	2	37 » »	0 50 »	3	70 » »	11 50 »	1	65 » »	11 25 »
Maroantsetra	15	61 53 20	48 00 83	8	176 00 25	55 75 »	1	25 43 »	14 » »	5	410 19 22	70 21 50
Sainte-Marie	6	37 » »	25 » »	1	16 » »	3 » »	2	30 » »	25 » »	4	374 » »	194 » »
Tamatave	25	165 49 37	157 » »	11	228 47 35	210 » »	10	482 » »	453 » »	10	1.290 02 20	9 74 »
Andevorante	58	197 50 28	96 52 76	3	94 04 13	37 12 05	13	495 65 63	95 25 45	10	769 7. 50	191 27 17
Vatomandry	10	74 » »	25 » »	8	46 » »	23 » »	40	710 14 »	200 22 »	43	766 05 »	219 » »
Mananjary	4	38 » »	17 » »	4	33 » »	12 » »	»	»	»	1	141 » »	9 » »
Farafangana	»	»	»	5	40 50 25	16 50 22	1	25 96 55	24 70 »	2	117 67 06	20 99 »
Nossi-Bé	55	472 65 »	335 50 »	22	508 » »	122 » »	20	621 » »	408 » »	22	1.386 » »	813 » »
Analalava	9	73 44 »	8 » »	3	53 61 97	5 » »	3	110 80 64	25 » »	10	831 33 80	194 » »
Majunga	3	14 58 »	3 » »	2	44 68 »	30 08 »	2	74 » »	25 » »	5	355 66 »	15 75 »
Maintirano	1	3 73 05	3 73 05	»	»	»	»	»	»	1	62 22 40	16 » »
Maevatanana	»	»	»	»	»	»	»	»	»	2	108 » »	34 » »
Moramanga	4	23 40 26	21 27 78	3	56 11 25	40 00 05	2	93 19 07	44 71 20	1	100 » »	»
Tuléar	13	68 01 30	32 26 53	»	»	»	»	»	»	6	500 » »	455 » »
Ankazobe	4	14 04 92	0 70 »	1	23 » »	3 » »	»	»	»	3	206 10 »	74 25 »
Itasy	5	29 94 07	18 97 »	»	»	»	2	65 26 18	15 27 »	4	332 05 84	20 20 »
Tananarive	135	470 37 17	130 40 67	22	440 05 75	92 56 75	32	1.190 58 30	269 02 91	46	3.443 97 34	535 08 80
Vakinankaratra	5	10 08 17	16 00 71	3	61 47 60	4 » »	6	180 04 91	18 25 »	6	472 07 67	17 47 73
Ambositra	7	11 37 45	0 35 61	»	»	»	»	»	»	»	»	»
Fianarantsoa	18	95 » »	10 » »	5	107 » »	17 » »	8	294 » »	4 » »	3	231 » »	45 » »
Betroky	1	11 68 05	9 65 »	»	»	»	»	»	»	»	»	»
Fort-Dauphin	13	50 04 44	15 82 »	»	»	»	1	34 96 95	4 » »	7	598 38 50	117 » »
Mahafaly	»	»	»	»	»	»	»	»	»	»	»	»
Totaux	520	3.350 04 78	1.416 40 34	135	2.560 00 30	1.137 12 06	184	5.118 42 23	1.782 93 56	222	15.051 50 06	4.037 55 29

PROVINCES	100 à 200 hectares			200 à 500 hectares			500 à 1.000 hectares			1.000 hectares et au-dessus			Total général	
	Nombre	Superficie totale	Superficie mise en valeur	Nombre	Superficie totale	Superficie mise en valeur	Nombre	Superficie totale	Superficie mise en valeur	Nombre	Superficie totale	Superficie mise en valeur	Nombre	Superficie totale
		h. a. c.	h. a. c.		h. a. c.	h. a. c.		h. a. c.	h. a. c.		h. a. c.	h. a. c.		h. a. c.
Diégo-Suarez	17	2.110 » »	105 » »	4	1.452 » »	165 » »	1	500 » »	14 » »	2	18.000 » »	251 » »	229	25.005 55 »
Vohémar	»	»	»	»	»	»	»	»	»	»	»	»	95	1.033 50 »
Maroantsetra	»	»	»	»	»	»	»	»	»	»	»	»	29	673 13 07
Sainte-Marie	1	160 » »	80 » »	1	502 » »	100 » »	»	»	»	»	»	»	15	1.171 » »
Tamatave	10	2.974 03 30	1.530 31 »	4	1.469 » »	917 » »	2	1.350 » »	1.300 » »	3	11.000 60 »	600 » »	73	19.531 12 29
Andevorante	5	551 98 25	45 80 »	3	722 60 55	58 10 25	2	1.792 88 75	132 » »	4	27.684 51 »	206 07 »	100	32.238 81 06
Vatomandry	»	»	»	2	1.114 » »	780 » »	21	5.838 20 »	563 » »	5	13.401 11 »	917 05 »	129	21.559 50 »
Mananjary	13	1.997 » »	533 » »	4	1.305 » »	133 » »	2	1.570 » »	330 » »	2	4.000 » »	850 » »	28	9.125 » »
Farafangana	1	105 30 45	14 50 »	1	350 05 »	109 15 »	1	716 50 »	20 26 »	»	»	»	11	1.301 09 20
Nossi-Bé	10	1.571 » »	732 » »	3	3.107 » »	550 » »	5	3.467 » »	910 » »	1	2.207 » »	230 » »	138	11.070 65 »
Analalava	16	1.950 08 05	530 » »	10	3.205 22 92	760 » »	2	1.295 31 25	320 » »	10	105.410 97 85	1.252 » »	61	115.020 80 10
Majunga	6	576 03 »	108 » »	8	1.833 04 »	200 » »	3	2.433 » »	103 » »	10	25.221 90 »	1.059 57 »	39	30.580 » »
Maintirano	»	»	»	»	»	»	»	»	»	»	»	»	2	65 95 45
Maevatanana	»	»	»	1	218 » »	24 50 »	»	»	»	»	»	»	3	416 » »
Moramanga	»	»	»	1	232 32 50	232 32 50	2	1.243 » »	620 » »	4	31.613 » »	1.612 » »	17	33.361 03 10
Tuléar	3	460 » »	15 » »	1	380 » »	80 » »	»	»	»	»	»	»	23	1.420 04 30
Ankazobe	6	854 05 71	123 50 »	3	920 » »	22 » »	»	»	»	»	»	»	17	2.078 19 63
Itasy	4	586 87 95	18 52 »	»	»	»	»	»	»	»	»	»	19	938 74 09
Tananarive	33	4.025 25 13	875 34 90	9	2.747 22 35	438 05 12	1	518 67 »	»	4	10.715 32 87	»	300	23.300 53 50
Vakinankaratra	3	504 90 »	52 08 34	»	»	»	»	»	»	»	»	»	23	1.127 27 15
Ambositra	»	»	»	»	»	»	»	»	»	1	6.238 80 »	122 » »	8	6.258 17 45
Fianarantsoa	6	685 » »	55 » »	2	338 » »	234 » »	»	»	»	»	»	»	42	2.183 » »
Betroky	»	»	»	»	»	»	»	»	»	»	»	»	2	11 68 04
Fort-Dauphin	4	105 » »	10 » »	1	401 17 50	2 50 »	»	»	»	»	»	»	21	1.150 51 59
Mahafaly	»	»	»	»	»	»	»	»	»	»	»	»	»	»
Totaux	141	15.120 65 33	5.063 05 45	58	18.550 52 00	4.901 04 87	43	19.805 60 »	4.352 26 »	46	250.580 05 74	7.357 64 »	1.150	339.270 38 15

STAT. MADAGASCAR

IX

INDUSTRIE FORESTIÈRE

N° 32 — ÉTAT DES PERMIS TEMPORAIRES DE COUPE DE BOIS ACCORDÉS PENDANT L'ANNÉE 190

PROVINCES	NOMBRE DES PERMIS ACCORDÉS		VOLUME DU BOIS COUPÉ EN STÈRES		RECETTES EFFECTUÉES		OBSERVATIONS
	Non indigènes.	Indigènes.	Non indigènes.	Indigènes.	Non indigènes.	Indigènes.	
			st. dc.	st. dc.	fr. c.	fr. c.	
Diégo-Suarez	9	6	23 150	10 600	421 50	167 50	
Vohémar	72	155	346 966	598 619	» (1)	»	(1) Redevance perçue en nature à raison de 1 po du volume en stères exploité.
Maroantsetra	2	16	8 »	5 400	50 »	52 30	
Sainte-Marie	»	11	»	56 152	»	147 »	
Tamatave	»	»	»	»	»	»	
Andevorante	19	32	90 188	97 644	242 50	275 60	
Vatomandry	29	11	118 »	83 »	174 »	75 »	
Mananjary	49	2	93 817	2 250	1.307 50	25 »	
Farafangana	34	»	48 500	»	582 »	»	
Nossi-Bé	147	188	»	80 »	735 »	940 »	
Analalava	»	24	»	»	»	120 »	
Majunga	11	33	333 »	1.106 »	55 »	165 »	
Maintirano	1	4	»	20 »	»	»	
Maevatanana	»	»	»	»	»	»	
Morondava	43	88	782 080	1.145 500	379 40	433 40	
Tuléar	11	2	25 »	7 »	55 »	10 »	
Ankazobe	1	24	42 500	1.037 450	15 »	382 50	
Itasy	»	»	»	»	»	»	
Tananarive	»	»	»	»	»	»	
Vakinankaratra	»	»	»	»	»	»	
Ambositra	»	»	»	»	»	»	
Fianarantsoa	2	1	17 »	»	160 »	10 »	
Betroky	»	»	»	»	»	»	
Fort-Dauphin	40	3	366 835	62 842	390 25	67 »	
Mahafaly	»	»	»	»	»	»	
Totaux	470	600	2.205 036	4.312 457	4.627 15	2.870 35	

N° 33 — ÉTAT DES EXPLOITATIONS FORESTIÈRES AU 31 DÉCEMBRE 1906

CIRCONSCRIPTIONS	NOMS DES CONCESSIONNAIRES	DATE DE LA CONCESSION	MONTANT DE LA REDEVANCE annuelle.	SUPERFICIE CONCÉDÉE	SUPERFICIE EXPLOITÉE	PRODUCTION	
						VOLUME	VALEUR
			fr. c.	h. a. c.	h. a.	mc. dc.	fr. c.
ANDEVORANTE	Cotte	31 décembre 1897.	70 »	700 » »	700 »	45 300	4.325 »
	Compagnie Messageries Françaises.	»	»	5.000 » »	»	6.258 336	10.569 65
	Parr	13 mars 1902.	41 90	41 91 75	»	»	»
	Sidambron	—	22 75	222 75 88	»	»	»
	Samba Djalo	22 avril 1903.	100 »	50 » »	50 »	681 255	2.858 17
	Alabéatrice	12 avril 1904.	260 »	130 » »	»	»	»
	Société « la Grande Ile »	16 juin 1904.	»	790 06 53	»	»	»
	TOTAL		494 65	6.934 74 16	750 »	6.984 891	17.752 82
DIÉGO-SUAREZ	Toto Zandé	26 février 1902.	33 »	330 » »	150 »	100 »	»
	Imhaus frères	1er juin 1902.	9 20	92 88 »	50 »	400 »	2.400 »
	Montagne	17 juillet 1902.	3 90	39 » »	18 »	150 »	900 »
	Baraka	26 mars 1903.	6 40	64 » »	25 »	12 »	»
	Schneider	2 juin 1903.	10 »	100 » »	50 »	100 »	»
	Boiroux	6 mars 1904.	3 20	32 » »	25 »	800 »	4.800 »
	Verane	14 mai 1904.	100 »	1.000 » »	»	»	»
	Matte et compagnie	18 avril 1906.	24 50	245 » »	200 »	28 »	»
	TOTAL		190 20	1.902 88 »	518 »	1.590 »	8.100 »
FIANARANTSOA	Leroy	15 avril 1902.	230 »	2.300 » »	300 »	285 »	12.500 »
	Du Coetlosquet	1er août 1903.	101 40	1.014 » »	50 »	10 »	600 »
	Dantony	9 avril 1904.	87 60	876 » »	100 »	70 »	3.000 »
	Rabe et Consort	7 septembre 1904.	200 »	2.000 » »	150 »	65 »	4.100 »
	Ranaivo	18 décembre 1904	11 »	110 » »	50 »	18 »	80 »
	Randisa	20 octobre 1905.	1.260 »	100 » »	100 »	»	»
	TOTAL		1.890 »	6.400 » »	750 »	448 »	20.280 »
MAROANTSETRA	Le Comte Casimir	1er mai 1900.	»	4.200 » »	2.000 »	475 750	41.375 »
	Compagnie Parisienne	7 août 1901	1.000 »	10.000 » »	4.000 »	620 »	26.200 »
	Ricard frères	24 mai 1904.	121 25	1.212 50 »	1.147 50	610 »	73.200 »
	Maigrot	25 août 1904.	390 »	3.900 » »	800 »	120 »	16.000 »
	Bonas	13 juin 1905.	100 »	1.000 » »	500 »	163 »	16.400 »
	Ruffat	3 novembre 1905.	700 »	7.000 » »	3.000 »	191 »	19.100 »
	Dijoux	27 septembre 1906.	50 »	500 » »	»	»	»
	Leduc	14 novembre 1906.	2 50	25 » »	»	»	»
	TOTAL		2.363 75	27.837 50 »	11.447 50	2.179 750	192.275 »

N° 33 — ETAT DES EXPLOITATIONS FORESTIÈRES AU 31 DÉCEMBRE 1906

CIRCONSCRIPTIONS	NOMS DES CONCESSIONNAIRES	DATE DE LA CONCESSION	MONTANT DE LA REDEVANCE annuelle.	SUPERFICIE CONCÉDÉE	SUPERFICIE EXPLOITÉE	PRODUCTION	
						VOLUME	VALEUR
			fr. c.	h. a. c.	h. a.	mc. dc.	fr.
	De Busscher	1900.	100 »	1.000 » »	100 »	150 »	4.500
	Larrien	28 mars 1900.	20 »	200 » »	50 »	90 »	2.700
	Bruncher	mai 1900.	20 »	200 » »	100 »	120 »	4.800
	Mavinta	août 1900.	25 »	250 » »	100 »	90 »	2.700
TAMATAVE	Compagnie Marseillaise	1901.	104 »	1.040 » »	300 »	960 »	81.700
	Desrosiers	février 1902.	30 »	300 » »	100 »	65 »	1.950
	Botosoa	12 juin 1902.	76 »	38 » »	38 »	82 »	2.075
	Clément Albert	31 mai 1905.	28 »	280 » »	50 »	40 »	3.500
	Hayol	»	»	»	»	28 »	2.499
	Ratsimatahotra et Rainizay	27 septembre 1906.	2 50	25 » »	25 »	9 »	183
	TOTAL		405 50	3.333 » »	863 »	1.634 »	106.607
	Bouts	16 octobre 1897.	»	9.000 » »	»	»	»
	de Lacroix-Laval	10 janvier 1901.	1.000 »	12.500 » »	»	»	»
	Rolin	5 août 1902.	25 »	250 » »	»	»	»
	Savaron	17 mars 1903.	40 »	400 » »	»	»	»
	Multédo	1er juillet 1904.	40 »	400 » »	»	»	»
	Anquetil	1er novembre 1904.	20 »	200 » »	»	»	»
	Gaillard	30 mai 1905.	97 36	973 60 »	»	»	»
	Rabesa	17 novembre 1905.	40 »	400 » »	»	»	»
TANANARIVE	Pochard	5 juin 1906.	1.003 08	978 » »	»	»	»
	Lanfrey	17 juillet 1906.	50 »	500 » »	»	»	»
	Giraudel	16 août 1906.	51 »	510 » »	»	»	»
	Compagnie Foncière et Minière	5 septembre 1906.	»	7.583 62 »	»	»	»
	Du Cor de Duprat	11 septembre 1906.	54 »	540 » »	»	»	»
	Mme Vve Lemaire	24 septembre 1903.	»	404 » »	»	»	»
	Lonys Abel	28 novembre 1906.	45 88	458 80 »	»	»	»
	Ratiringa	28 novembre 1906.	51 50	515 » »	»	»	»
	Descaréga	28 décembre 1906.	42 80	428 » »	»	»	»
	TOTAL		2.560 62	36.041 02 »	»	»	»
	Société forestière de Vinanibé	1899.	500 »	5.000 » »	5.000 »	96 »	»
	Cayeux	juillet 1901.	1.500 »	20.000 » »	20.000 »	330 »	»
	Tsialelitra	février 1904.	100 »	1.000 » »	1.000 »	»	»
VOHÉMAR	Guinet Édouard	14 avril 1904.	100 »	1.000 » »	200 »	103 »	9.940
	Maigrot	septembre 1904.	300 »	3.000 » »	2.000 »	332 »	21.185
	Mouren Jules	27 août 1906.	60 »	600 » »	»	»	»
	Sandoz et Compagnie	28 août 1906.	90 »	900 » »	»	»	»
	Mouren Louis	29 septembre 1906.	93 80	937 50 »	»	»	»
	TOTAL		2.743 80	32.437 50 »	28.200 »	881 »	31.125
	TOTAL GÉNÉRAL		10.048 61	114.886 64 16	42.528 50	13.717 641	376.139 82

X

MINES

N° 34 — TABLEAU GÉNÉRAL DE L'INDUSTRIE MINIÈRE DE 1900 A 1906

ANNÉES	NOMBRE de concessions en activité.	SUPERFICIE des concessions en activité.	MINERAI EXTRAIT		MINERAI EXPORTÉ		NOMBRE d'ouvriers employés.
			POIDS	VALEUR	POIDS	VALEUR	
		hectares.	kilogr.	francs.	kilogr.	francs.	
1900	178	15.055	»	»	»	3.587.917	»
1901	234	8.960	»	»	1.118	2.290.676	»
1902	224	72.199	»	»	1.535	3.880.605	»
1903	240	138.328	»	»	2.299	5.856.778	»
1904	273	174.788	16.705	7.936.139	2.460	7.380.014	»
1905	310	200.473	13.497	7.178.547	2.300	6.902.412	»
1906	390	223.469	14.465	6.609.711	2.016	6.050.295	»

N° 35 — TABLEAU GÉNÉRAL DE L'INDUSTRIE MINIÈRE EN 1906

NATURE DE LA MINE		NOMBRE de concessions en activité.	SUPERFICIE des concessions en activité.	MINERAI EXTRAIT		MINERAI EXPORTÉ		NOM… n'ouv… empl…
				POIDS	VALEUR	POIDS	VALEUR	
			h. a.	k. gr.	francs.	k. gr.	francs.	
OR	d'exploitatation	385	221.104 94	1.582 491	4.747.473	2.016 765	6.050.295	»
	de recherche	»	»	617 339	1.852.017			
Total		385	221.104 94	2.199 830	6.599.490	2.016 765	6.050.295	»
FER		5	2.364 59	(1) 12.265 500	10.221	»	»	»
Totaux		390	223.469 43	14.465 300	6.609.711	2.016 765	6.050.295	»

(1) Les 12.265 kilogr. 500 correspondent à 8.177 angady dont le prix moyen de l'unité a été évalué à 1 fr. 25.

N° 36 — ÉTAT INDICATIF DES MINES EXPLOITÉES PENDANT L'ANNÉE 1906 ET DES RÉSULTATS DE CETTE EXPLOITATION

[NATURE] DU MINERAI	NOM DE LA MINE OU DÉSIGNATION DES PERMIS MINIERS		EMPLACEMENT	NOMBRE des concessions	SUPERFICIE des concessions	NATURE de la concession	NOMS du propriétaire	NOMS des exploitants	PRODUCTION poids	PRODUCTION valeur	EXPORTATION poids	EXPORTATION valeur	TENEUR moyenne du minerai	NOMBRE D'OUVRIERS EMPLOYÉS Race blanche	NOMBRE D'OUVRIERS EMPLOYÉS Autres races	OBSERVATIONS
					h. a.				k. gr.	francs.	k. gr.	francs.	pour cent.			
													(*)	(*)	(*)	(*) En raison des conditions particulières dans lesquelles se fait l'exploitation à peu près partout (achat de l'or aux orpailleurs indigènes) les renseignements demandés par ces trois colonnes ne peuvent être obtenus. Les ouvriers sont en totalité de race indigène. Leur nombre sur chaque chantier est essentiellement variable.
....	Province de Tananarive.	D 8 v	Betoho	1	727 19	1 périmètre.	Société d'Anasalia	Agent	7 991	»	7 661	»				
		T 108	Ancolabain	1	700 75	—	L. Besson	L. Besson	2 695	»	2 351	»				
		T 109	Antoby	1	783 24	—	Hoiste	Hoiste	»	»	»	»				Déchéance prononcée par arrêté du 19 février 1906.
		T 126	Ambatovarana	1	799 75	—	J. Noel	J. Noël	7 519	»	6 775	»				Abandonné le 13 novembre 1906.
		T 1	Moravoso	1	800 »	—	Succession Pelterin	»	»	»	»	»				Déchéance prononcée par arrêté du 13 novembre 1906.
	Totaux		....	5	»	....	....	....	18 206	54.618	18 787	50.362				
	District autonome d'Ankazobe.	T 36	Jabo	1	707 50	1 périmètre.	Oscar Bluret	Oscar Bluret	»	»	»	»				Abandonné le 13 février 1906.
	Totaux		....	1	»	....	....	....	»	»	»	»				
	Totaux généraux		....	»	»	....	....	....	18 206	54.618	16 747	50.362				

N° 36 — ÉTAT INDICATIF DES MINES EXPLOITÉES PENDANT L'ANNÉE 1906 ET DES RÉSULTATS DE CETTE EXPLOITATION

NATURE DU MINERAI	NOM DE LA MINE et désignation des titres miniers		EMPLACEMENT	NOMBRE de titres	SUPERFICIE des concessions	NATURE de la concession	NOMS des concessionnaires	NOMS des exploitants	PRODUCTION poids	PRODUCTION valeur	EXPORTATION poids	EXPORTATION valeur	TENEUR moyenne	NOMBRE d'ouvriers employés: Européens	NOMBRE d'ouvriers employés: Indigènes	OBSERVATIONS
					h. a.				kg	francs	kg	francs				
OR	Province de Mananjary	A 1	Ratsiarano	1	765 45	1 périmètre	Hanning	Hanning	2 264		2 178					Lorsque le chiffre de l'exportation … [illegible] … présente.
		A 4	Tsaramandroso	1	780 »	—		—	20 075		19 075					
		A 48	Tampoina	1	495 60	—	Courtois	Courtois	13 820		13 555					
		A 57	Manampana	1	695 55		Compagnie coloniale et minière de Madagascar	Agent	1 350		1 396					
		A 58	—	1	628 32	—	—	—	»		»					
		A 61	Andranomanjaka	1	705 81	—	Compagnie lyonnaise	—	5 830		5 528					
		A 72	Sahampaka	1	540 15		Courtois	Courtois	9 095		8 900					
		A 76	Farafaka	1	557 68	—	Hanning	Hanning	»							
		A 101	Sandravoaka	1	707 68	—	Compagnie lyonnaise	Agent	2 723		2 572					
		A 111	Ampasimaroa	1	380 »	—	G. Pignéguy	G. Pignéguy	11 950		12 195					
		A 118	Katsaoka	2	776 21	—	Tinayre et Pelletan	Tinayre et Pelletan	22 990		20 009					
		A 119	[illegible]	1	765 »	—	Martin	Martin	0 605		1 275					
		A 121	Divava	1	291 49	—	Hanning	Hanning	5 958		8 532					
		A 133	Anjahilahy	1	786 60	—	Bezard	Bezard	8 755		8 728					
		A 135	Ampasimanana	1	702 55	—	Compagnie coloniale et minière de Madagascar	Agent	1 612		1 612					
		A 151	Amboanga	1	656 58	—	Ralph	Ralph			»					
		A 155	[illegible]	1	986 »	—	Compagnie coloniale et minière de Madagascar	Agent	6 753		6 842					
		A 158	[illegible]	1	576 19		Grimault	Grimault	7 509		2 193					
		A 159	Ambondry	1	565 80	—	Vve Papet	Vve Papet	0 349		0 557					
		A 179	Mahatsinjo	1	404 37		Bezard	Bezard	0 747		»					

N° 36 — ÉTAT INDICATIF DES MINES EXPLOITÉES PENDANT L'ANNÉE 1906 ET DES RÉSULTATS DE CETTE EXPLOITATION

DU MINERAI	NOM DE LA MINE ou [illegible]		EMPLACEMENT	NOMBRE de [illegible]	SUPERFICIE des [illegible]	NATURE de la [illegible]	NOMS du propriétaire	NOMS des exploitants	PRODUCTION Poids	PRODUCTION Valeur	EXPORTATION Poids	EXPORTATION Valeur	TENEUR [illegible]	NOMBRE [illegible]	NOMBRE [illegible]	OBSERVATIONS
					h. a.				k. g.	francs	k. g.	francs	[illegible]			
		A 183	Iabanitsfondro	1	306 »	1 périmètre.	Compagnie lyonnaise	Agent	5 707		5 650					[illegible]
		A 178	Ankerana	1	785 86	—	—	—	2 805		1 518					
		A 175	Antaviramamba	1	620 37	—	Hanning	Hanning	-		-					[illegible]
		A 180	Ampasimpatry	1	560 06	—	Société française de Commerce et de Navigation	Agent	5 575		5 475					[illegible]
		A 181	Andrangavola	1	579 08	—	Jean-Louis	Jean-Louis	2 555		5 080					
		A 182	Sahampasina	1	667 20	—	Compagnie lyonnaise	Agent	3 130		3 850					
		A 184	Ankaramalo	1	355 82	—	Lévivier	Lévivier	6 851		6 861					[illegible]
		A 185	Madiofasina	1	760 01	—	A. Francke	A. Francke	12 753		12 857					
....	Province de Mananjary. (Suite)	A 186	Anjahambanio	1	754 65	—	Vve Charoses	Vve Charoses	10 653		11 631					
		A 187	Menagisikely	2	568 12	—	Moutier Bali	Moutier Bal	1 509		1 506					[illegible]
		A 188	A[illegible]harana	2	526 34	—	Jouet Ralph	Jouet Ralph	2 509		4 244					
		A 191	Antanambao	1	473 30	—	Société française de Commerce et de Navigation	Agent	10 802		10 708					
		A 192	Ankera	1	701 60	—	Rivet	Rivet	13 240		15 177					
		A 193	Andolandra	1	890 60		Amiel	Amiel	»		»					
		A 196	Fananivo	1	722 [illegible]	—	Hanning	Hanning	»		»					[illegible]
		A 198	A[illegible]hiakatra	1	601 15	—	Bacal	Bacal	13 040		17 324					
		A 199	Manasihely	1	[illegible]	—	Chavignet	Chatrignet	8 262		10 981					

N° 36 — ÉTAT INDICATIF DES MINES EXPLOITÉES PENDANT L'ANNÉE 1906 ET DES RÉSULTATS DE CETTE EXPLOITATION

NATURE DU MINERAI	NOM DE LA MINE et numéro du permis		EMPLACEMENT	NOMBRE des concessionnaires	SUPERFICIE des concessions	NATURE de la concession	NOMS des propriétaires	NOMS des exploitants	PRODUCTION Poids	PRODUCTION Valeur	EXPORTATION Poids	EXPORTATION Valeur	TENEUR moyenne du minerai	NOMBRE d'ouvriers employés Race blanche	NOMBRE d'ouvriers employés Autres races	OBSERVATIONS
					h. a.				k. gr.	francs.	k. gr.	francs.	(pour cent)			
OR	Province de Mananjary (suite)	A 202	Sandrangaly	1	786 42	périmètre	Franche	Franche	3 003		3 003					[illegible]
		A 203	Boanda	1	704 96	—	Ralph	Ralph	6 754		6 717					
		A 204	Manakana	1	483 04	—	Berard	Berard	5 697		3 621					
		A 205	Ambalatenina	1	790 75		Hanning	Hanning	»		»					
		A 206	Ambolomadinika	1	673 23	—	Compagnie lyonnaise	Agent	20 379		17 666					
		A 207	Sahamalaza	1	707 25	—	Dodier	Dodier	»		»					
		A 208	Betsiroa	1	235 52	—	Rivet	Rivet	3 190		3 160					
		A 209	Tsiramahaby	1	364 60		Walther	Walther	1 985		1 719					
		A 210	Ambodimanga	1	251 85	—	Janet	Janet	2 758		2 758					[illegible]
		A 214	A^te Ietsaona	1	154 50		Ralph	Ralph	»		»					
		A 215	Rafotsika	1	611 17	—	Société française de Commerce et de Navigation	Agent	0 124		0 124					
		A 216	Sahamatrana	1	621 75	—	Clausen	Clausen	10 001		9 826					
		A 217	Tsiafa	1	167 46		Rivet	Rivet	18 295		17 053					
		A 218	Tsarasaona	1	49 87	—	Hanning	Hanning	»		»					
		A 219	Antanamaizina	1	556 85	—	—	—	17 354		16 700					
		A 220	Ambakabiofa	1	799 41		G. Pignigny	G. Pignigny	0 277		0 277					[illegible]
		A 221	Tsaravinany	1	509 18	—	Hanning	Hanning	4 059		0 702					

N° 36 — ÉTAT INDICATIF DES MINES EXPLOITÉES PENDANT L'ANNÉE 1906 ET DES RÉSULTATS DE CETTE EXPLOITATION

[illegible]	NOM DE LA MINE		EMPLACEMENT	NOMBRE	SUPERFICIE	NATURE	NOMS		PRODUCTION		EXPORTATION		TENEUR	NOMBRE		OBSERVATIONS
							[illegible]	[illegible]	[illegible]	[illegible]	[illegible]	[illegible]	[illegible]	[illegible]	[illegible]	
					h. a.				k. gr.	francs	k. gr.	francs	[illegible]			
2ᵉ Province de Manjakandriana (Suite et fin)	A [illegible]		Marofototra	1	456 36	périmètre	E. Salomon	E. Salomon	8 450		0 854					
	A [illegible]		Ranomafana	1	792 36		Froude	Froude	4 267		3 762					
	A [illegible]		Ambohimanana	1	675 00	—	Hanning	Hanning	»		»					
	A [illegible]		Ambohimalaza	1	688 75		Compagnie lyonnaise	Agent	0 017		0 238					
	A [illegible]		Mahamasina	1	90 11		Société française de Commerce et de Navigation	—	»		»					
	A [illegible]		Ambohijanaka	1	62 05	—					»					
	A [illegible]		Manankasina	1	791 58		L. Salomon	L. Salomon	1 252		1 012					
	A [illegible]		Toa[illegible]	1	712 02	—	Marchand	Marchand	0 685		0 765					
	A [illegible]		[illegible]	1	518 61		J. Sauve	J. Sauve	1 456		»					
	A [illegible]		Ambatomanga	1	773 95	—	—	—	1 554		»					
	A [illegible]		Ambohimandry	1	519 05	—	Compagnie coloniale et minière de Madagascar	Agent	»		»					
	A [illegible]		[illegible]	1	447 52		Grimault	Grimault			»					
	A [illegible]		Amoy	1	553 75	—	Hanning	Hanning								
	A [illegible]		A[illegible]	1	582 88		—	—			»					
	A [illegible]		A[illegible]	1	297 80			—	»		»					
	A [illegible]		A[illegible]	1	477 60	—	Compagnie lyonnaise	Agent	»		»					
	A [illegible]		Ambohimanambola	1	565 29		Batton	Batton	»		»					
Total					»				518 958	955.768	415 617	946.851				

N° 36 — ÉTAT INDICATIF DES MINES EXPLOITÉES PENDANT L'ANNÉE 1906 ET DES RÉSULTATS DE CETTE EXPLOITATION

NATURE DU MINERAI	NOM DE LA MINE et références des numéros		EMPLACEMENT	NOMBRE des concessions	SUPERFICIE des concessions	NATURE de la concession	NOMS des propriétaires	NOMS des exploitants	PRODUCTION poids	PRODUCTION valeur	EXPORTATION poids	EXPORTATION valeur	TENEUR moyenne du minerai	NOMBRE D'OUVRIERS EMPLOYÉS race malgache	NOMBRE D'OUVRIERS EMPLOYÉS autres races	OBSERVATIONS
					h. a.				k. gr.	francs.	k. gr.	francs.	pour cent			
		D 7 A	Ambodimanga	1	277 72	1 périmètre.	De Floris	De Floris	8 586		9 831					
		D 18 A	Ampasimambo	1	610 02	—	—	—	9 561		12 008					[illegible]
		C 53 A	Kotakola	1	798 70	—	Vve Paquet	Vve Paquet	9 325		9 376					
		C 52 A	Andahidary	1	791 32		Hanning	Hanning	5 076		4 868					
		C 55 A	Ant. andifitra	1	750 46		Vve Paquet	Vve Paquet	9 271		8 258					
		C 64 A	Ant. [illegible]	1	780 »		Amiel	Amiel	»		»					
		C 66 A	Ankalivory	1	187 46	—	Vve Paquet	Vve Paquet	9 602		»					
		A 200	Mahalaza	1	565 86	—	De Floris	De Floris	22 196		22 200					
		A 202	Antsiranambohe	1	438 16	—	—	—	12 786		12 132					
		A 211	Iavaly	1	412 20		—	—	»							
		A 212	Sabada	1	800 »		Lautier	Lautier	»							
OR	District de Maevatanana	A 213	Andrada	1	79 80	—	Lapeyrade	Lapeyrade	1 605		1 066					
		A 215	Fitabonana	1	605 37	—	De Floris	De Floris	1 600		»					
		A 226	Saint-Antoine	1	70 70		De la Roche	De la Roche	»							
		A 227	Antanamarosoamiro	1	775 30		Bolton	Bolton	1 280		0 895					
		A 228	Ambodimbe	1	166 65		Vve Paquet	Vve Paquet	»		»					
		A 234	Ant. [illegible]	1	68 66	—	—		»		»					
		A 235	Ankarinany	1	114 50	—	—		»		»					
		A 236	Andolakamana	1	70 »	—	—	—	»		»					
		A 244	Ant. Isaivato	1	71 60		A. Thibault et Compagnie	Agent	»		»					
		A 255	Ampasimbazimba	1	130 60			—	»		»					
		A 256	Tsaramandroso	1	110 32	—	De Floris	De Floris	»		»					
		A 257	Ant. [illegible]	1	65 51	—	—	—	»		»					
		A 258	Ramfoveady	1	116 10	—	—	—	»		»					
	TOTAUX			»	»				62 801	186 413	65 002	101 076				
	TOTAUX GÉNÉRAUX			»	»				884 303	1.143.910	379 309	1.137.957				

N° 36 — ÉTAT INDICATIF DES MINES EXPLOITÉES PENDANT L'ANNÉE 1906 ET DES RÉSULTATS DE CETTE EXPLOITATION

[illegible]	NOM DE LA MINE	EMPLACEMENT	NOMBRE	SUPERFICIE des [illegible]	NATURE de la [illegible]	NOMS du propriétaire	NOMS de l'exploitant	PRODUCTION poids	PRODUCTION valeur	EXPORTATION poids	EXPORTATION valeur	TENEUR moyenne	NOMBRE d'ouvriers employés: Européens	NOMBRE d'ouvriers employés: Autres races	OBSERVATIONS
								kilogr.	francs	kilogr.	francs	pour 100			
	R 1	Dabolava	1	542 25	1 périmètre	Compagnie lyonnaise	Agent	35 211		32 151					
	R 2	—	1	378 77				19 458		18 931					
	R 3		1	316 72	—	—	—	13 239		14 530					
	R 14	Ambatotsikely	1	308 78				7 797		8 058					
	R 16	Kianjavavona	1	709 65	—	—		11 479		11 862					
	R 18	Andranoke	1	475 56				14 882		14 265					
	R 20	Tsitsanita	1	606 60	—	Ambrosetti-Georges Maille	—	»		—					Abandonné le [illegible] 1906.
	R 21	[illegible]	1	300 91	—	Compagnie lyonnaise	—	7 802		8 533					
	R 25	Kianjavavona	1	355 »	—	—	—	7 805		8 526					
	R 26	—	1	86 40		—	—	6 886		7 850					
	R 30	Ankazomiriana	1	758 75	—	Dropsy	Dropsy	12 725		11 222					
	R 31	Mokara	1	271 05	—	Carrell	Carrell	11 512		11 733					
Cercle de Morondava	R 32	Ambatolahy	1	1.190 23	—	Compagnie lyonnaise	Agent	»		»					
	R 33	—	1	1.230 80	—		—	»		»					
	R 35	Andimaka II	1	252 80		—	—	10 531		10 580					
	R 41	Manadrisoro	1	360 50	—	Riddell	Riddell	»		»					Abandonné le [illegible] 1906.
	R 43	Manandaza	1	789 45			—	»		»					— —
	R 44	Makajilo	1	584 40	—	—		»		»					— —
	R 46	Vohimana	1	530 »		Carrell	Carrell	4 520		4 850					
	R 47	Tsiboka	1	420 »	—	—		2 631		2 350					
	R 48	Antsally	1	385 25	—	Riddell	Riddell	5 503		4 254					
	R 49	Ampandrana	1	788 17	—		—	5 513		4 861					
	R 50	Ambatolahy	1	95 85	—	Dropsy	Dropsy	2 611		2 611					
	R 51	Andranolava	1	135 »	—		—	»		»					
	R 56	[illegible]	2	52 00		Maille-Georges	Maille-Georges	»		»					
	R 58	Ambalanomandimby	1	270 »	—	Carrell	Carrell	»		»					

N° 30 — ÉTAT INDICATIF DES MINES EXPLOITÉES PENDANT L'ANNÉE 1906 ET DES RÉSULTATS DE CETTE EXPLOITATION

NATURE DU MINERAI	NOM DE LA MINE	N°	EMPLACEMENTS	NOMBRE de [illegible]	SUPERFICIE	NATURE des [illegible]	NOMS des propriétaires	NOMS des exploitants	PRODUCTION poids	PRODUCTION valeur	EXPORTATION poids	EXPORTATION valeur	[illegible]	NOMBRE d'ouvriers [illegible]	NOMBRE d'ouvriers [illegible]	OBSERVATIONS
									[illegible]	[illegible]	[illegible]	[illegible]	[illegible]			
		T. 5 a	Andranola [illegible]	1	718 20	[illegible]	Dreyfus	Dreyfus	3 183		3 181					
		T. 9 a	Manohingala [illegible]	1	795 »		Brosque	Brosque	0 546		0 452					
		T. 3 [illegible]	[illegible]	1	649 »		Société [illegible]	Agent	3 518		3 [illegible]					
		T. [illegible]	[illegible]	1	790 25		Chevallier	Chevalier	6 [illegible]		8 310					
		R. [illegible]	[illegible]	1	741 61		Vallod	Vallod	1 092		2 562					
		R. 8	[illegible]	1	793 [illegible]		Société [illegible]	Agent	21 557		22 951					
		R. [illegible]	[illegible]	1	525 40		[illegible]	[illegible]	14 212		13 [illegible]					
		R. 81	[illegible]	1	785		Mlle da [illegible] de Dupret	Mlle da [illegible] de Dupret	2 266		2 123					
		R. [illegible]	[illegible]	1	6[illegible] »		Compagnie [illegible]	Agent	»		—					
		R. 35	[illegible]	1	737 92		Brosque	Brosque	8 617		8 1[illegible]					
OR	[illegible]	R. 36	[illegible]	1	796 30		[illegible]	[illegible]	0 750		0 [illegible]					[illegible]
		R. 37	[illegible]	1	760 50		E. Tallet	E. Tallet	1 957		2 [illegible]					
		R. 38	[illegible] I	1	716 20		Brosque	Brosque	8 228		7 500					
		R. 39	[illegible] II	1	577 [illegible]		—	—	8 506		7 710					
		R. 40	[illegible]	1	550 18		—	—	8 643		8 120					
		R. [illegible]	[illegible]	1	793 75		[illegible]	[illegible]	0 517		0 346					
		R. [illegible]	[illegible]	1	296 »		Société [illegible]	Agent	0 [illegible]		»					
		R. [illegible]	[illegible]	2	[illegible] »		[illegible]	[illegible]	0 [illegible]		0 630					[illegible]
		R. 53	[illegible]	1	762 [illegible]		[illegible]	[illegible]	»		»					
		R. 54	[illegible]	1	525 40		Tallet	Tallet	»		»					
		R. 57	[illegible]	1	300 12		—	—	»		»					
	Totaux			»	»				95 617	2[illegible]	95 218	270.[illegible]				
	Totaux généraux			»	»				270 [illegible]	829.[illegible]	27[illegible]	8[illegible].711				

N° 36 — ÉTAT INDICATIF DES MINES EXPLOITÉES PENDANT L'ANNÉE 1906 ET DES RÉSULTATS DE CETTE EXPLOITATION

[illegible] MINERAI	NOM DE LA MINE [illegible]		EMPLACEMENT	NOMBRE [illegible]	SUPERFICIE des concessions	NATURE de [illegible]	NOMS [illegible]	[illegible]	PRODUCTION [illegible]	[illegible]	EXPORTATION [illegible]	[illegible]	[illegible]	NOMBRE [illegible] Race blanche	[illegible]	OBSERVATIONS
					h. a.				k. gr.	francs	k. gr.	francs	par jour			
		C. 1	Sakatsia / Sakiray	1	765 60	2 périmètres	Compagnie [illegible]	Agent	3 703		3 289					
		C. 2	Sakatsia	1	628 25	—	—	—	2 765		3 370					
		C. [illegible]	Ambohitsy	1	633 08		Société [illegible]	—	2 042		2 [illegible]					
		C. 5	[illegible]	1	721 45	—		—	5 298		5 298					
		C. 6	[illegible]	1	685 »	—	—		[illegible] 229		4 709					
		C. 7	[illegible]	1	600 50	—		—	5 709		4 071					
		C. 8	[illegible]	1	910 75	—	—		4 308		4 153					
		C. 11	[illegible]	1	255 86		S. Jean-Louis	S. Jean-Louis	0 999		0 999					
		C. 17	[illegible]	1	719 06	—	Compagnie [illegible]	Agent	2 090		2 330					
	Province de Vakinankaratra	C. [illegible]	[illegible]	1	800 »	—	A. Morel	A. Morel	3 028		2 533					
		C. 27	[illegible]	1	707 69		Société [illegible]	Agent	2 101		2 027					
		C. 30	[illegible]	1	795 75	—	[illegible]	[illegible]	3 127		3 127					
		C. [illegible]	[illegible]	1	798 06	—	[illegible] et Villedieu	Agent	2 120		2 311					[illegible]
		C. [illegible]	[illegible]	1	758 00	—	—	—	4 855		4 755					
		C. [illegible]	[illegible]	1	765 00	—	—	—	4 316		1 975					
		C. 18	[illegible]	1	703 30	—	—	—	0 759		0 738					
		C. [illegible]	[illegible]	1	799 75	—	[illegible]	[illegible]	0 653		0 595					[illegible]
		C. 58	[illegible]	1	672 »		Fayolle	Fayolle	4 815		4 262					
		C. [illegible]	[illegible]	1	758 00	—	G. Savaron	G. Savaron	1 092		1 131					[illegible]
		C. 61	[illegible]	1	764 45		Compagnie [illegible]	Agent	»		0 771					— —

N° 36 — ÉTAT INDICATIF DES MINES EXPLOITÉES PENDANT L'ANNÉE 1906 ET DES RÉSULTATS DE CETTE EXPLOITATION

NATURE DU MINERAI	NOM DE LA MINE		EMPLACEMENTS	NOMBRE de [illegible]	SUPERFICIE des [illegible]	NATURE de [illegible]	NOMS des propriétaires	NOMS des exploitants	PRODUCTION Poids	PRODUCTION Valeur	EXPORTATION Poids	EXPORTATION Valeur	SALAIRE moyen des ouvriers	NOMBRE d'ouvriers employés Européens	NOMBRE d'ouvriers employés Indigènes	OBSERVATIONS
					hect.				kilogr.	francs	kilogr.	francs	francs			
Or	Province de [illegible]	C. 67	Anivorano?	1	750 »	4 périmètres	Compagnie lyonnaise?	Agent	1 822		1 750					
		C. 64	Miadana?	1	630 43	—	J. Martin	J. Martin	5 728		5 [illegible]					
		C. 73	[illegible]	1	375 12		Riddell	Riddell	0 589		0 528					
		C. 75	[illegible]	1	793 »	—	—	—	0 823		0 831					
		C. 76	[illegible]	1	762 »	—	Compagnie [illegible]	Agent	0 301		0 161					Abandonné le 15 juin 1906
		C. 78	[illegible]	1	553 »	—	Riddell	Riddell	0 128		0 117					— le 15 août 1906
		C. 80	[illegible]	1	750 »	—	—		0 092		0 [illegible]					— le 15 juin 1906
		C. 81	[illegible]	1	170 »	—	J. [illegible]	J. [illegible]	0 223		0 273					— —
		C. 83	[illegible]	1	534 »	—	Riddell	Riddell	1 016		0 953					
		C. 88	[illegible]	1	19 50		Chopin	Chopin	0 650		0 500					
		C. 89	[illegible]	1	87 73		—		0 168		0 160					
		C. 90	[illegible]	1	22 80				0 279		0 1[illegible]					
		C. 92	[illegible]	1	798 00	—	Compagnie française des mines d'or	Agent	»							
		C. 93	[illegible]	1	19 60		Chopin	Chopin	0 [illegible]							
		C. 96	[illegible]	1	219 »		L. [illegible]	L. [illegible]	0 267		»					
		C. 97	[illegible]	1	757 65		[illegible]	[illegible]	»		»					
		C. 99	[illegible]	1	355 16	—	Société [illegible]	Agent	»		»					
		C. 105	[illegible]	1	785 »	—	C. [illegible]	C. [illegible]	»		»					
	Totaux			»	»				»	»	»					
	Ancien régime	C. 62	[illegible]	1	25 »	3 périmètres	[illegible]	[illegible]	6 800		6 185					
		C. 64	—	1	25 »	—	[illegible]	[illegible]	1 065		1 005					
		C. 65	—	1	25 »	—	Riddell	Riddell	0 077		0 [illegible]					
	Totaux			»	»				»		»	»				
	Totaux généraux			»	»				80 828	251 860	77 551	232 325				

N° 36 — ÉTAT INDICATIF DES MINES EXPLOITÉES PENDANT L'ANNÉE 1906 ET DES RÉSULTATS DE CETTE EXPLOITATION

…ERAI	NOM DE LA MINE		EMPLACEMENT	NOMBRE	SUPERFICIE des concessions	NATURE des concessions	NOMS du concessionnaire	NOMS des exploitants	PRODUCTION poids	PRODUCTION valeur	EXPORTATION poids	EXPORTATION valeur	TENEUR moyenne du minerai	NOMBRE d'ouvriers employés Race blanche	NOMBRE d'ouvriers employés Autres races	OBSERVATIONS
					h. a.				k. gr.	francs	k. gr.	francs	pour cent			
	Province d'Ambositra	C 9	Ampanemianana	1	785 50	[illegible]	Compagnie coloniale	Agent	0 577		9 286					
		C 20	Andasibe	1	785 20		— Lyonnaise	—	0 857		0 910					Abandonné le 1er décembre 1906.
		C 52	Vohilava	1	782 32	—	—	—	»		»					
		C 54	Ansatrabelobe	1	725 22	—	—	—	2 047		2 089					
		C 58	Tetezamaso	1	728 »	—	B. Gaffori	B. Gaffori	2 625		2 690					
		C 64	Salomanga	1	730 60	—	Hanning	Hanning	1 074		1 258					Abandonné le 18 janvier 1906.
		C 65	Marosiarana	1	576 »	—	Harter	Harter	24 103		25 098					
		C 68	Andadimananiro	1	751 »	—	Hanning	Hanning	0 192		0 315					Abandonné le 18 juin 1906.
		C 70	Jenikenina	1	775 »	—	Compagnie coloniale	Agent	14 782		11 043					
		C 71	Sandramora	1	744 »	—	Fichter	Fichter	»		0 100					
		C 72	Fempina	1	645 30	—	B. Gaffori	B. Gaffori	4 918		5 056					
		C 77	Amt mampasary	1	784 »		Riddell	Riddell	3 545		3 545					Abandonné le 21 octobre 1906.
		C 79	Amt andohabara	1	630 »	—	Duder	Duder	2 208		1 682					
		C 82	Ambatotsodo	1	272 »	—	Boucher	Boucher	»		»					Abandonné le 26 septembre 1906.
		C 84	Ambatovaky	1	9 40	—	Hanning	Hanning	»		»					— le 26 novembre 1906.
		C 85	Ivatalitra	1	52 19	—	—	—	0 047		0 047					
		C 86	Ambohimilanja	1	120 54	—	—	—	0 179		0 003					
		C 87	Sahavaninga	1	63 20	—	Alexander	Alexander	6 509		2 250					
		C 91	Ampasambatofotsy	1	08 38	—	Parr	Parr	0 562		4 483					
		C 93	Amt Iampy	1	27 31	—	Hanning	Hanning	»		»					

N° 36 — ÉTAT INDICATIF DES MINES EXPLOITÉES PENDANT L'ANNÉE 1906 ET DES RÉSULTATS DE CETTE EXPLOITATION

Nature du minerai	Nom de la mine		Emplacement	Nombre	Superficie	Nature	Noms du concessionnaire	Noms des exploitants	Production : poids	Production : valeur	Exportation : poids	Exportation : valeur	Teneur moyenne du minerai	Nombre d'ouvriers : Européens	Nombre d'ouvriers : indigènes	Observations
					Ha.				K. gr.	francs	K. gr.	francs	pour 1000			
Or	Province d'Ambositra	C. 95	[illegible]	1	10 57	A périmètre	Henning	Henning	»		»					
		C. 98	[illegible]	1	»		—	—	»		»					
		C. 100	[illegible]	1	535 10		Société [illegible]	Agent	»		»					
		C. 101	[illegible]	1	150 70		Henning	Henning	0 233		»					
		C. 102	Befotaka	1	231 15			—	»		»					
		C. 103	[illegible]	1	371 15		—		»		»					
		C. [illegible]	[illegible]	1	317 65		Compagnie lyonnaise	Agent	0 037		»					
		C. [illegible]	Mandritsara	1	758 77		Grimault	Grimault	»		»					
		A. [illegible]	Ampasary	1	700 50	—	Alexander	Alexander	11 574		10 [illegible]					
		A. [illegible]		1	631 08		J. Sauge	J. Sauge	8 324		16 [illegible]					
		A. 58 a	[illegible]	1	709 98		Compagnie lyonnaise	Agent	3 109		3 200					
		A. [illegible]	Ampasary	1	752 06	—	Alexander	Alexander	8 606		7 [illegible]					
		A. 87 a	[illegible]	1	195 75		Henning	Henning	12 097		12 068					
		A. 91 a	[illegible]	1	587 60		Compagnie lyonnaise	Agent	0 029		0 026					
		A. 93 a	[illegible]	1	783 »		—	—	23 322		17 815					
		A. 130	[illegible]	1	711 50			—	4 216		4 741					
		A. [illegible]	[illegible]	1	336 77	—	[illegible]	[illegible]	20 675		25 010					Abandonnée le [illegible] juillet 1906.
		A. [illegible]	[illegible]	1	721 35		Alexander	Alexander	0 017		»					
	Ancien régime	C. 112	[illegible]	1	25 »		[illegible]	[illegible]	0 808		0 830					
Totaux				»					100 171	341 113	172 862	518 586				
Totaux [illegible]				»	»				241 989	742 070	230 303	750 000				

N° 36 — ÉTAT INDICATIF DES MINES EXPLOITÉES PENDANT L'ANNÉE 1906 ET DES RÉSULTATS DE CETTE EXPLOITATION

NATURE DU MINERAI	NOM DE LA MINE et désignation des permis		EMPLACEMENT	NOMBRE de périmètres	SUPERFICIE des concessions	NATURE de la concession	NOMS des propriétaires	NOMS des exploitants	PRODUCTION poids	PRODUCTION valeur	EXPORTATION poids	EXPORTATION valeur	TENEUR moyenne du minerai	NOMBRE d'ouvriers employés race blanche	NOMBRE d'ouvriers employés Indigènes	OBSERVATIONS
					h. a				k. gr.	francs	k. gr	francs	p. cent.			
	Province de Vohémar.	D 80	Lompombe	1	700 57	1 périmètre	J. Chenard	J. Chenard	»		»					Abandonné le 26 janvier 190[illegible]
	Totaux			»	»				»	»	»	»				
	Province d'Andevorante.	D 23	Ambohibakala	1	709 57	1 périmètre	Panier	Panier	7 280		6 010					
		D 25	Belanika	1	006 60		Poggioli	Poggioli	7 270		7 855					
		D 27	Ambalandranka	1	391 31	—	Golaz	Golaz	15 995		16 625					
		D 31	Mananoanana	1	695 »	—	Société d'Amoalo	Agent	6 102		7 008					Abandonné le 1er décembre 1906
		D 33	Marojeka	1	566 67		—	—	8 902		6 701					
		D 34	Sahadio	1	564 30	—	Panier	Panier	9 668		9 085					
		D 35	Sahafotsara	1	709 80		Société d'Amoalo	Agent	9 307		9 031					
		D 36	Sahamitifo	1	774 20	—	—	—	5 114		5 050					Abandonné le 12 novembre 1906.
		D 37	Sahafelotra	1	461 50		—	—	8 375		7 817					
		D 38	Vinany-Sahatsara	1	658 60	—		—	7 831		6 252					
		D 40	Ampasimbengy	1	442 36	—	Poggioli	Poggioli	2 935		1 330					
		D 41	Dongona	1	228 71	—	Panier	Panier	1 161		0 705					
		D 42	La Bonnabonnais	1	270 21		Marical	Marical	»		»					
		D 43	Sahanampana	1	165 »	—	Société d'Amoalo	Agent	1 575		0 839					
		D 48	Sahavinaniro	1	90 »	—	Koyane	Koyane	»		»					
		T 5 »	Ampasimaina	1	707 81	—	Société d'Amoalo	Agent	15 863		18 117					
		T 7 »	Ambalafomena	1	755 »	—	—	—	10 591		8 550					
		T 9 »	Sahaiera	1	565 75	—		—	13 873		9 665					
		T 18 »	Ifasandrambo	1	765 37	—	—		9 404		6 565					
		T 19 »	Ambohibolo	1	769 05	—	—		10 016		9 802					
		T 20 »	[illegible]	1	763 20	—	—	—	12 838		11 019					

N° 36 — ÉTAT INDICATIF DES MINES EXPLOITÉES PENDANT L'ANNÉE 1906 ET DES RÉSULTATS DE CETTE EXPLOITATION

Nature du minerai	Nom de la mine et numéros des permis miniers		Emplacement	Nombre de périmètres	Superficie des concessions	Nature de l'exploitation	Noms du propriétaire	Noms de l'exploitant	Production poids	Production valeur	Exportation poids	Exportation valeur	Teneur moyenne du minerai	Nombre d'ouvriers employés Race blanche	Nombre d'ouvriers employés Autres races	Observations
					h. a.				k. gr.	francs	k. gr.	francs	par tonne			
	Province de Tamatave	D 5	[illegible]	1	793 80	1 périmètre	Syndicat lyonnais d'exploitation à Madagascar	Agent	9 552		6 831					
		D 6	[illegible]	1	800 20	—	—	—	10 008		10 813					
		D 9	[illegible]	1	504 95			—	8 240		7 198					
		D 10	[illegible]	1	530 95	—	—	—	9 992		9 325					
		D 29	Ambohimandanika	1	705 »		—	—	9 695		6 124					
		D 32	Sahavary	1	787 80	—	—	—	8 355		11 276					
		T 40	[illegible]	1	705 70		Société Le Volamena	—	2 546		2 062					
		T 1	[illegible]	1	265 »		J. Roffat	J. Roffat	1 659		1 509					
		T 3	[illegible]	1	177 60	—	—	—	5 122		4 929					
Or	Totaux			»	»				63 742	191.227	59 808	179.701				
	Province de Vatomandry	D 12	[illegible] Mangoro	1	417 60	1 périmètre	[illegible] et de la Borie	Agent	5 437		3 569					
		D 15	[illegible]	1	720 »	—	—	—	3 511		2 5[illegible]					
		D 39	[illegible]	1	57 72	—	Grall	Grall	1 036		1 511					
		D 44	Ambodirofia	1	227 90	—	[illegible] et compagnie	Agent	—		—					
		D 45	[illegible]	1	127 50	—	—	—	0 092		»					
		D 46	[illegible]	1	195 58	—	—	—	0 040		»					
		D 47	[illegible]	1	87 53		—	—	0 108		»					
	Totaux			»	»				10 846	30.110	7 586	22.380				
	Totaux généraux			»	»				336 453	703.800	312 909	698.724				

N° 36 — ÉTAT INDICATIF DES MINES EXPLOITÉES PENDANT L'ANNÉE 1906 ET DES RÉSULTATS DE CETTE EXPLOITATION

[Nature] du minerai	Nom de la mine et désignation du permis		Emplacement	Nombre de [concessions]	Superficie des concessions	Nature de la concession	Noms des propriétaires	Noms des exploitants	Production : poids	Production : valeur	Exportation : poids	Exportation : valeur	Teneur moyenne du minerai	Nombre d'ouvriers employés : Race blanche	Nombre d'ouvriers employés : Autres races	Observations
					h. a.				k. gr.	francs.	k. gr.	francs.	pour cent.			
	Province de Fianarantsoa.	E 9	Ananaba	1	774 »	1 périmètre.	Verbeckmoes	Verbeckmoes	0 151		0 151					
		E 11	Isoldie	1	679 »	—	Spiral	Spiral	5 880		5 818					
		E 12	Iazolava	1	679 »	—	—	—	2 171		2 096					
		E 24	Anorivola	1	787 40	—	Lecomte	Lecomte	2 635		1 633					
		E 27	Ambatosoa	1	781 08	—	Castellani	Castellani	3 682		3 350					
		E 29	Vohimirafy	1	713 »	—	A. Stapowski	Stapowski	»		»					Abandonné le 1er juillet 1906.
		E 38	Ambohimalaza	1	660 01	—	H. Quintal	H. Quintal	6 237		5 601					
		E 36	Sahatandrify	1	300 61	—	E. Bigourret	E. Bigourret	0 712		1 212					Abandonné le 31 mars 1906.
		E 51	Ambatovola	1	785 26	—	Lecomte-Gaupé	Lecomte-Gaupé	0 860		0 547					Abandonné le 18 avril 1906.
		E 42	Ambanjobe	1	150 »	—	Parr	Parr	1 087		1 087					
		E 43	Anjozobe	1	162 »	—	F. Mallet	F. Mallet	3 063		2 771					Abandonné le 16 novembre 1906.
		E 44	Ranomena	1	30 »	—	Castellani	Castellani	»		»					
Totaux				»	»				26 710	80.150	24 945	74.637				
	Province de Farafangana.	E 35	Ivatrosina	1	612 »	1 périmètre.	A. Stapowski	Stapowski	0 853		1 174					Cessation d'… 28 février 1906.
Totaux				»	»				0 853	2.529	1 174	3.523				
Totaux généraux				»	»				27 563	82 679	26 120	78.160				

N° 36 — ÉTAT INDICATIF DES MINES EXPLOITÉES PENDANT L'ANNÉE 1906 ET DES RÉSULTATS DE CETTE EXPLOITATION

NATURE DU MINERAI	NOM DE LA MINE		EMPLACEMENT	NOMBRE	SUPERFICIE des concessions	NATURE de la concession	NOMS des propriétaires	NOMS des exploitants	PRODUCTION poids	PRODUCTION valeur	EXPORTATION poids	EXPORTATION valeur	TENEUR moyenne du minerai	NOMBRE d'ouvriers employés race blanche	NOMBRE d'ouvriers employés autres races	OBSERVATIONS
					h. a.				k. gr.	francs	k. gr.	francs	pour cent			
Or	Ancien régime.	17	Andrianoma	1	75 —	3 lots.	Seveau	Seveau	4 415		4 470					
		33	Ambohimborona	1	25 »	1 lot.	—	—	»		»					Abandonné le 1er mars 1906.
		76	Beloraka	1	50 »	2 lots.	—	—	5 371		5 971					
	Cercle de Maevatanana.	T [illegible] r	Mahabo	1	774 08	1 périmètre.	Seveau	Seveau	4 633		4 670					
		T 17 r	Ampasiria	1	750 —	—	—	—	3 0[illegible]5		3 510					
		T 21 r	Talaonapasity	1	70[illegible] 20	—	Société civile des mines d'or de Maintimbo	Agent	»		»					Déchéance prononcée par arrêté du 21 …
		T 31 r	Ansitaka	1	521 25	—	Dreyfus	Dreyfus	7 045		7 237					
		T 34 r	Betsaoatanana V	1	705 20	—	Seveau	Seveau	6 160		5 938					
		T 35 r	Betsaoatanana VI	1	354 50	—	—	—	»		»					Abandonné le 20 juillet 1906.
		T 37 r	Befotaka	1	709 45	—		—	1 785		1 696					
		T 39 r	Anatsamolity	1	709 10	—	Dreyfus	Dreyfus	6 525		6 300					
		T 5[illegible] r	Belevoka	1	730 80	—	Seveau	Seveau	5 046		5 150					
		T 77 r	Kelimanina	1	798 66	—	Richardet	Richardet	5 558		4 852					
		T 10[illegible] r	Mahabo	1	705 70	—	Seveau	Seveau	1 783		1 830					Abandonné le 16 juin 1906.
		T 1[illegible]3 r	Besakalava	1	402 50	—	—	—	2 724		2 255					
		T 1[illegible] r	Manarafotsy	1	250 »	—	—	—	0 122		»					
		F 12	Belavoka	1	780 »	—	Nobert	Nobert	0 328		0 206					
		F 13	Manarafotsy	1	162 »	—	Richardet	Richardet	»		»					
		F 14	Ambatomboudona	1	456 32	—	—	—	0 405		0 204					
		F 15	Androfia	1	707 45	—	Le Hénaff	Le Hénaff	»		»					
		T 41 r	Marotsiraza	1	737 »	—	H. Smith	H. Smith	»		0 502					Abandonné le 28 décembre 1906.

N° 36 — ÉTAT INDICATIF DES MINES EXPLOITÉES PENDANT L'ANNÉE 1906 ET DES RÉSULTATS DE CETTE EXPLOITATION

NOM DE LA MINE ou désignation des travaux miniers		EMPLACEMENT	NOMBRE des concessions	SUPERFICIE des concessions	NATURE de la concession	NOMS du propriétaire	NOMS des exploitants	PRODUCTION poids	PRODUCTION valeur	EXPORTATION poids	EXPORTATION valeur	TENEUR moyenne du minerai	NOMBRE d'ouvriers employés Race blanche	NOMBRE d'ouvriers employés Autres races	OBSERVATIONS
				h. a.				k. gr.	francs.	k. gr.	francs.	pour cent.			
Cercle de Maevatanana.	T 52 r	Antsahoky	1	785 »	1 périmètre.	H. Smith	H. Smith	4 534		5 212					
	T 53 r	Ambararatabe	1	785 »	—	Société anonyme des mines d'or de Siharaka	Agent	0 670		0 670					
	T 54 r	Tampoketsa	1	785 »	—	—	—	0 341		8 653					
	T 110 r	Betsiaka	1	524 »	—	—	—	3 346		3 019					
	T 111 r	2e Betsiaka	1	784 »	—	—	—	6 838		5 091					
	T 112 r	Marovato	1	692 »	—	—	—	1 640		1 521					
	T 113 r	Ampasimpotsy	1	784 »	—	—	—	1 443		1 176					
	T 114 r	Antsevakely	1	692 »	—	—	—	0 893		0 739					
	T 115 r	Antsevakely	1	692 »	—	—	—	»		»					
	T 116 r	Ambatomainty	1	692 »	—	—	—	2 188		1 451					
	T 117 r	Ankokoraty	1	784 »	—	—	—	1 490		1 110					
	T 118 r	Ankokoraty I	1	552 20	—	—	—	1 596		1 158					
	T 119 r	Ankokoraty II	1	552 20	—	—	—	0 588		0 583					
	T 120 r	Ambodivato	1	280 17	—	—	—	1 901		1 461					
	T 121 r	Avaradalana	1	604 »	—	—	—	4 858		4 081					
	T 122 r	Avaradalana	1	602 »	—	—	—	»		»					
	T 123 r	Bekopaka	1	784 »	—	—	—	»		»					
	F 1	Tampoketsa Est	1	784 »	—	—	—	0 380		0 173					
	F 2	Iles Antsinainty	1	784 »	—	—	—	0 711		0 711					
	F 3	Ras Betsiaka	1	784 »	—	—	—	0 655		0 655					
	F 5	Mahajamba I	1	602 »	—	—	—	»		»					

N° 36 — ÉTAT INDICATIF DES MINES EXPLOITÉES PENDANT L'ANNÉE 1906 ET DES RÉSULTATS DE CETTE EXPLOITATION

NATURE DU MINÉRAL	NOM DE LA MINE		EMPLACEMENT	NOMBRE de concessions	SUPERFICIE des concessions	NATURE de la concession	NOMS des concessionnaires	NOMS des exploitants	PRODUCTION poids	PRODUCTION valeur	EXPORTATION poids	EXPORTATION valeur	TENEUR moyenne du minerai	NOMBRE d'ouvriers employés: Race blanche	NOMBRE d'ouvriers employés: Autres races	OBSERVATIONS
					h. a.				k gr	francs.	k gr	francs.	pour cent			
Or	Cercle de Maevatanana. (Suite.)	F 5	Mahajamba II	1	992 »	à périmètre.	Société anonyme des mines d'or de Sitaoska	Agent	»		»					
		F 6	Mahajamba III	1	760 98	—	—	—	»		»					
		F 7	Mahajamba IV	1	552 »	—	—	—	»		»					
		F 8	Analandrazana	1	280 »	—	—	—	»		»					
		F 9	Ankokoraby IV	1	523 60	—	—	—	»		»					
		F 10	Andrandava	1	784 »	—	—	—	2 307		2 307					
		F 11	Mahatsinjo	1	784 »	—	—	—	1 322		0 988					
		T 44 r	Mandraty I	1	773 11	—	Compagnie occidentale de Madagascar	Agent	41 899		30 510					
		T 45 r	Mandraty II	1	784 »	—	—	—	17 235		17 201					
		T 46 r	Sondrojia	1	785 25	—	—	—	10 333		9 365					
		T 49 r	Moratoly	1	780 »	—	—	—	2 304		2 301					
		T 50 r	Ambohimamontana	1	705 24	—	—	—	3 571		3 602					
		T 55 r	Ambatotrano	1	687 16	—	—	—	6 288		6 310					
		T 56 r	Analamangay	1	784 »	—	—	—	»		»					
		T 57 r	Beboridon	1	694 »	—	—	—	0 244		0 175					
		T 58 r	Malmos	1	784 »	—	—	—	0 195		0 171					
		T 59 r	Ankaboka	1	690 »	—	—	—	»		»					
		T 60 r	Marovitsika	1	784 »	—	—	—	»		»					
		T 61 r	Marivolaloatrakely	1	784 »	—	—	—	»		»					
		T 62 r	Tsimangidina	1	784 »	—	—	—	»		»					
		T 63 r	Bekiraho	1	784 »	—	—	—	9 926		6 309					

N° 36 — ÉTAT INDICATIF DES MINES EXPLOITÉES PENDANT L'ANNÉE 1906 ET DES RÉSULTATS DE CETTE EXPLOITATION

[illegible]	NOM DE LA MINE		EMPLACEMENT	NOMBRE des [illegible]	SUPERFICIE des [illegible]	NATURE de la [illegible]	NOMS DES PROPRIÉTAIRES	NOMS DES EXPLOITANTS	PRODUCTION POIDS	PRODUCTION VALEUR	EXPORTATION POIDS	EXPORTATION VALEUR	TENEUR moyenne DU MINERAI	NOMBRE D'OUVRIERS EMPLOYÉS Race blanche	NOMBRE D'OUVRIERS EMPLOYÉS Autres races	OBSERVATIONS
									k. gr.	francs	k. gr.	francs	pour cent			
	Cercle de Maevatanana (Sofia)	T 64 r	Andatolampy	1	708	1 périmètre	Compagnie occidentale de Madagascar	Agent	»		»					
		T 66 r	Avaratrafoloy	1	784	—	—	—	3 522		2 703					
		T 66 r	Marolinta	1	694	—	—	—	1 724		1 604					
		T 67 r	Ambaravaira	1	785	—	—	—	6 093		6 113					
		T 68 r	Ampasiry	1	694	—	—	—	13 809		12 985					
		T 69 r	Mandondamba	1	409	—	—	—	8 257		9 359					
		T 70 r	Firingalava	1	694	—	—	—	40 604		27 762					
		T 71 r	Ambaramangana	1	694	—	—	—	2 685		3 904					
		T 72 r	Antsatrana	1	694	—	—	—	0 189		-					
		T 73 r	Anti-Italo	1	694	—	—	—	3 820		3 804					
		T 74 r	Beranorano	1	694	—	—	—			»					
		T 75 r	Mandrety III	1	694	—	—	—	7 517		6 768					
		T 76 r	Morafeno	1	785	—	—	—	18 375		17 020					
		T 78 r	Moilaka	1	694	—	—	—	2 843		2 552					
		T 79 r	Ranomandry	1	694	—	—	—	13 750		11 013					
		T 80 r	Antetezolava	1	784	—	—	—	»							
		T 81 r	Ampasambelo	1	785	—	—	—	7 303		7 056					
		T 82 r	Ambolofotsy	1	694	—	—	—	2 895		2 817					
		T 83 r	Besofotra I	1	694	—	—	—	2 865		2 710					
		T 84 r	Besofotra II	1	694	—	—	—	7 518		7 783					
		T 85 r	Besofotra III	1	694	—	—	—	2 523		2 750					

N° 36 — ÉTAT INDICATIF DES MINES EXPLOITÉES PENDANT L'ANNÉE 1906 ET DES RÉSULTATS DE CETTE EXPLOITATION

NATURE DU MINERAI	NOM DE LA MINE ou désignation		EMPLACEMENT	NOMBRE des périmètres	SUPERFICIE des périmètres	NATURE de la concession	NOMS des propriétaires	NOMS des exploitants	PRODUCTION poids	PRODUCTION valeur	EXPORTATION poids	EXPORTATION valeur	TENEUR moyenne du minerai	NOMBRE d'ouvriers employés Race blanche	NOMBRE d'ouvriers employés Indigènes	OBSERVATIONS
					hectares.				k. gr.	francs.	k. gr.	francs.	pour cent.			
OR	Cercle de Maevatanana (Fin.)	T 86 r	Besafotra IV	1	694	1 périmètre.	Compagnie occidentale de Madagascar	Agent	»		»					
		T 87 r	Boikely	1	789	—	—	—	6 240		5 422					
		T 88 r	Lon Mailaka	1	694		—		2 602		1 963					
		T 89 r	Ankarano	1	494	—	—	—	»		»					
		T 90 r	Mantasima	1	694		—		7 431		6 523					
		T 91 r	Berevé	1	696	—		—	6 718		5 965					
		T 92 r	Betamotamo	1	690		—		»		»					
		T 93 r	Berevimaitom	1	694	—	—	—	»		»					
		T 94 r	Madiomahs	1	690		—	—	0 738		0 701					
		T 95 r	Morerimene	1	690	—	—	—	6 558		6 343					
		T 96 r	Maromas	1	694		—	—	»		»					
		T 97 r	Behambe	1	690	—	—		»		»					
		T 98 r	Andrafiamadinika	1	694	—	—	—	»		»					
		T 99 r	Ranomenaotsioka	1	694	—	—		8 120		7 522					
		T 100 r	Besafotra	1	694	—	—	—	»		»					
		T 103 r	Ambatomena	1	694	—	—	—	15 605		3 310					
		T 104 r	Andrafiarana	1	694		—	—	2 272		2 109					
		T 105 r	Tsaratsa	1	694	—	—		»		»					
		T 106 r	Ambalavato	1	694	—	—	—	»		—					
		T 107 r	Maketsamandry	1	694		—	—	6 657		6 603					
TOTAUX				»	»				361 821	1.153.463	361 447	1.096.312				

XI

COMMERCE

N° 37 — TABLEAU GÉNÉRAL DU COMMERCE DE MADAGASCAR DE 1871 A 1906

ANNÉES	IMPORTATIONS DE MARCHANDISES — françaises venant de France.	IMPORTATIONS DE MARCHANDISES — françaises venant des colonies françaises.	IMPORTATIONS DE MARCHANDISES — étrangères venant de France et de l'étranger.	IMPORTATIONS DE MARCHANDISES — TOTAUX	EXPORTATIONS DE MARCHANDISES ET PRODUITS DU CRU OU IMPORTÉS — pour la France.	EXPORTATIONS — pour les colonies françaises.	EXPORTATIONS — pour l'étranger.	EXPORTATIONS — TOTAUX	TOTA GÉNÉR.
	francs.	francs.	francs.	francs.	francs.	francs.	francs.	francs.	franc
1871	»	»	»	226.036	»	»	»	22.005	248
1872	765.098	»	1.124.079	1.889.177	982.417	»	1.336.680	2.319.097	4.208
1873	»	»	»	304.416	»	»	»	144.429	448
1874	»	»	»	498.908	»	»	»	2.601.622	3.100
1875	»	»	»	1.430.157	»	»	»	2.903.573	4.333
1876	»	»	»	1.720.389	»	»	»	2.111.603	3.831
1877	»	»	»	1.752.637	»	»	»	1.878.421	3.627
1878	»	»	»	1.582.634	»	»	»	2.134.994	3.717
1879	»	»	»	1.573.555	»	»	»	1.623.642	3.197
1880	»	»	»	2.550.290	»	»	»	1.648.575	4.198
1881	»	»	»	4.000.559	»	»	»	3.822.754	7.823
1882	»	»	»	2.081.280	»	»	»	2.713.891	4.795
1883	155.190	211.542	2.188.277	2.555.009	3.283.673	582.972	2.775.862	6.642.507	9.197
1884	483.476	365.898	2.508.697	3.358.071	125.517	540.254	2.292.693	2.958.464	6.316
1885	347.148	212.454	3.824.130	4.383.632	396 927	138.865	3.111.417	3.647.209	8.030
1886	445.852	98.458	2.913.032	3.457.342	112.002	30.449	4.158.420	4.300.871	7.758
1887	1.231.102	284.178	2.580.143	4.095.383	82.167	49.871	2.291.273	2.422.311	6.517
1888	206.158	167.546	2.002.363	2.376.067	94.456	69.361	2.200.036	2.363.853	4.739
1889	498.369	134.657	1.901.429	2.524.455	116.137	158.518	1.295.022	1.559.677	4.084
1890	»	»	»	»	»	»	»	»	
1891	»	»	»	»	»	»	»	»	
1892	1.604.467	256.497	3.261.930	5.122.894	1.061.969	298.446	1.519.233	2.879.648	8.002
1893	1.848.378	563.379	3.170.665	5.582.422	1.277.864	288.320	1.751.178	3.317.362	8.899
1894	2.578.007	774.505	3.578.060	6.930.572	774 580	440.390	2.523.024	3.737.994	10.668
1895	1.725.509	388.619	4.130.393	6.244.521	334.183	73.560	2.567.071	2.974.814	9.219
1896	4.969.316	545.460	8.473.155	13.987.931	734.132	322.636	2.549.183	3.605.951	17.593
1897	9.583.231	863.098	7.912.589	18.358.918	1.193.991	325.941	2.822.500	4.342.432	22.701
1898	17.029.655	1.130.166	3.467.996	21.627.817	1.867.301	424.026	2.683.221	4.974.548	26.602
1899	24.377.357	1.602.511	1.936.746	27.916.614	4.838.292	606.843	2.601.273	8.046.408	35.963
1900	34.787.774	2.041.940	3.641.099	40.470.813	7.309.971	416.325	2.897.573	10.623.869	51.094
1901 (*)	35.449.415	5.268.742	5.052.124	45.770.281	6.076.446	398.757	2.492.770	8.967.973	54.738
1902 (*)	31.321.869	4.176.603	5.470.105	40.977.577	6.195.909	563.725	6.367.806	13.127.440	54.105
1903	27.844.958	1.180.099	3.873.497	32.898.554	9.884.545	682.622	5.703.843	16.271.010	49.169
1904	21.402.295	1.339.352	3.677.737	26.419.384	14.119.047	598.972	4.709.140	19.427.159	45.846
1905	26.812.934	1.085.999	3.299.477	31.198.410	15.485.377	593.981	6.771.234	22.850.592	54.049
1906	28.625.782	1.318.536	4.322.823	34.267.141	19.800.072	788.036	7.913.087	28.502.695	62.769

(*) Les chiffres se rapportant aux années 1901 et 1902 diffèrent de ceux publiés précédemment dans lesquels le mouvement monétaire avait été joint au mouvement commercial.

N° 38 — ÉTAT DES PAYS DE PROVENANCE DES IMPORTATIONS DE 1897 A 1906

NOMS DES PAYS	1897	1898	1899	1900	1901	1902	1903	1904	1905	1906
	fr. c.	fr. c.	fr. c.	francs.	francs.	francs.	francs.	francs.	francs.	francs.
	9.583.230 88	17.020 655 40	24.377.457 06	35.781.779	37.120.503	41.016.507	29.557.317	42.801.820	28.250.404	28.625.782
	4.581.758 94	1.047.714 78	308.015 56	1.387.809	800.300	1.167.765	564 480	632.904	285.036	481.042
	991.580 16	388.534 20	36.315 60	4.158			»	»	»	»
	820.701 58	433.941 26	399.102 47	602.198	521.073	544 172	205.464	130.357	305.602	358.335
	163.599 93	355.096 06	64.114 50	32.800	47.854	253.078	7.702	81.515	55.022	85.362
	459.279 26	700.881 33	924.902 03	731.006	»	»	»	»	»	»
	836.280 47	401.551 93	228.102 49	414 330		»	»	»	»	»
…aies	423.818 38	430.284 65	677.808 07	1.310.844	3.540.016	3.514.307	1.208.113	1.366.670	1.116.898	1.318.530
…age	48.060 39	344.853 50	133.715 »	257.384	550.613	1.003.107	279.923	29.035	57.351	360.303
…e	381.055 95	218.541 34	603.092 33	865.800	568.772	574.507	565.102	412 020	201.015	175.150
…s anglaises	237.113 32	34 446 65	60.536 »	30 863	791.340	1.006.492	503.851	658.015	650.222	548.517
	16.748 14	15.877 17	10.278 55	8.319	32.770	23.605	4.365	12.732	7.657	8.206
	180.651 54	75.500 72	54.743 45	57.935	176.560	178.155	152.075	151.501	176.015	2.225.287
Totaux	18.358.918 »	21.627.817 12	27.910.614 51	40.170.813	46.032.530	52.280.036	33.107.171	46.110.385	31.198.510	34.267.161

N° 39 — ÉTAT DES PAYS DE DESTINATION DES PRODUITS EXPORTÉS DE 1897 A 1906

NOMS DES PAYS	1897	1898	1899	1900	1901	1902	1903	1904	1905	1906
	fr. c.	francs.	fr. c.	francs.	francs.	francs.	francs.	francs.	francs.	fr…
France	1.193.991 15	1.467.301	4 636.202 18	7.300.971	4.083.356	6.239.439	9.865.939	14.097.010	15.337.491	19.8…
Angleterre	1.014.169 15	822.511	485.073 05	353.750	267.844	251.085	428.083	725.462	1.121.874	1.2…
Maurice	317 969 40	352.268	218.712 00	319.098	»	»	»	»	»	
Allemagne	1.253.214 60	1.032.154	1.430.138 15	1.290.818	1.840.721	1.351.005	2.865.539	2.887.310	5.109.638	4.7…
Amérique	34.524 »	»	»		»		»	»	»	
Réunion	277.340 70	292.056	517.089 30	374.071	»				»	
Indes anglaises	58.315	22.786	19 427 70	41.687	»	»	»	»	»	
Colonies françaises	48 690	131.968	89.753 05	42.434	898.757	364.250	641.137	541.401	363.076	7…
Espagne et Portugal	72.300 »	»	»			»		»	»	
Côte d'Afrique	63.760	170.118	103.965	342.325	595.050	1.495.752	693.791	514.191	290.034	8…
Autres colonies anglaises	»	138.635	278.314 90	209.104	192.804	3.017.541	1.701.808	403.321	997.805	
Autres pays	104.024 »	115.735	118.640 50	60.594	95.959	44.300	12.780	50.500	210.873	1.…
Totaux	4.344.431	4.974.540	8.016.408 22	10.025.869	8.975.473	13.144.446	14.471.128	19.337.405	22.593.094	28.…

N° 40 — ÉTAT DES PAYS DE PROVENANCE ET DE DESTINATION DES IMPORTATIONS ET EXPORTATIONS RÉUNIES DE 1896 A 1905

… DE PROVENANCE ET DE DESTINATION	1897	1898	1899	1900	1901	1902	1903	1904	1905	1906
	fr. c.	francs	fr. c.	francs	francs	francs	francs	francs	francs	francs
…	10 777.222 05	18.896.936	20.215.049 24	52.097.705	53.204.458	39.246.946	39 448.307	30 378 835	41.000.385	58.536 751
…	3.985.031 09	1.870.224	823.880 51	1.720.038	1.164.050	1 415 849	1 192.513	1.358.536	1.466 810	2.076.557
…	1.809.855 98	740.797	253.058 40	563.360	»	»	»	»	»	»
…	1.982.916 08	1.386 053	1.770.220 32	1.803.046	1.861.795	2.085.177	3.161.863	3.117.767	4.515.440	5.182 822
…	198.333 93	315 066	64.114 40	32.809	67 865	274.078	7.702	81.415	35.822	65 302
…	710.610 96	1 091 939	1.441.091 53	1.105 167	»		»		»	
…es	604.505 47	425.538	248.330 19	450.248	»	»	»	»	»	»
…çaises	472.418 38	552.253	767.802 92	1.333.094	5.878.767	4.978.647	1.869.649	1.958.071	1.361.974	2.107 172
…ègt…	48.090 39	390.854	183.715 »	257.386	440.680	1 002 107	379.923	20.035	57.351	380.305
…o	445.723 03	497.659	709.037 73	1.408.181	1.193.822	2 040 259	1.236 893	927.111	597.957	514.286
…es anglaises	207.113 32	193.102	347.920 90	260.984	934.238	4 036 003	2.203.079	1.122.536	1.617.030	588.547
…	30.091 14	15.857	10.278 75	8.316	32.770	23.887	4.306	12.752	7.657	8.396
…	260.305 84	191.236	158.435 65	118.527	270.360	222.513	145.455	210.061	393.388	3.308.853
Totaux	22.701.360 »	26.002.306	35.961.022 65	54.094 082	65.008.232	55.433.076	49.578.190	45.776.868	53.702.104	62.760.836

N° 41. — TABLEAU RÉCAPITULATIF PAR MATIÈRES DES IMPORTATIONS (ANNÉE 1906)

NATURE DES DENRÉES ET MARCHANDISES	DENRÉES ET MARCHANDISES FRANÇAISES IMPORTÉES: de France — Valeurs	des colonies et pêcheries françaises — Valeurs	totaux — Valeurs	DENRÉES ET MARCHANDISES ÉTRANGÈRES IMPORTÉES: de France — Valeurs	des colonies et pêcheries françaises — Valeurs	d'Angleterre — Valeurs	des colonies anglaises — Valeurs	d'Allemagne — Valeurs	de Suède et Norvège — Valeurs	du Danemark — Valeurs	d'Égypte — Valeurs	des États-Unis d'Amérique — Valeurs	de la côte orientale d'Afrique — Valeurs	d'Italie — Valeurs	des autres pays — Valeurs	totaux — Valeurs
	francs	francs	francs	francs	francs	francs	francs	francs	francs	francs	francs	francs	francs	francs	francs	francs
MATIÈRES ANIMALES																
1 Animaux vivants	2.707	1.200	3.907	145	5.500	»	»	»	»	»	»	»	»	»	80	5.695
2 Produits et dépouilles d'animaux	602.084	2.053	604.127	127.367	525	7.281	75.032	8.002	»	2.458	606	212	16.750	200	29.420	268.079
3 Pêches	133.525	2.725	136.250	8.678		1.012	450	718	3	»	15	»	701		420	12.001
4 Substances animales brutes propres à la médecine et à la parfumerie	746	»	746	91	»	»	»	»	»	»	»	»	»	»	»	91
5 Matières dures à tailler	»	»	»	»	»	»	»	»	»	»	»	»	»	»	»	»
Totaux	739.162	5.988	745.330	136.256	6.025	8.293	75.302	9.320	3	2.458	621	212	17.651	200	29.931	291.160
MATIÈRES VÉGÉTALES																
6 Farineux alimentaires	1.213.331	619.718	1.833.049	23.838	4.941	1.006	4.544	975	»	»	119	»	2.869	60	14.714	54.088
7 Fruits et graines	62.803	5.800	68.603	3.458	25	91	3.123	775	»	»	387	»	3.111	»	7.279	18.238
8 Denrées coloniales de consommation	982.615	165.248	1.147.863	158.500	69	17.450	7.530	10.638	»	»	55	»	4.235	»	8.556	207.210
9 Huiles et sucs végétaux	369.795	3.236	373.031	16.141	275	900	134.686	1.075	»	»	153	»	6.872	»	8.524	167.578
10 Espèces médicinales	1.226	788	2.014	77	25	5	2.422	»	»	»	»	»	355	»	148	3.029
11 Bois	63.075	29.605	92.680	31.054	»	1.500	232	7.264	300.525	»	»	»	»	25		340.500
12 Fruits, tiges et filaments à ouvrer	7.676	8	7.684	25	»	»	1.535	»	»	»	»	»	85	»		1.545
13 Teintures et tanins	»	60	60	15	»	»	1.365	»	»	»	»	»	357	»	105	1.762
14 Produits et déchets divers	246.669	10.535	257.204	3.536	130	»	2.466	3.350			5.809	»	337	»	3.570	20.119
15 Boissons	3.810.291	206.772	4.017.063	132.114	800	10.272	6.980	50.546	»	»	»	»	271	600	1.371	211.963
Totaux	6.757.571	1.041.715	7.799.286	379.025	6.355	31.224	163.652	83.630	300.525	»	7.513	»	16.929	720	52.136	1.022.100
MATIÈRES MINÉRALES																
16 Marbres, pierres, terres, combustibles minéraux, etc.	770.055	1.610	771.665	41.184	2.000	287.994	105.215	552	»	»	»	56.525	505	»	45.312	579.167
17 Métaux	500.054	522	500.576	206.987	»	34.841	7.016	23.291	»	»	»	»	2.055	»	1.043	276.133
Totaux	1.270.009	2.132	1.272.241	248.171	2.000	322.835	112.131	23.843	»	»	»	56.525	2.560	»	46.455	855.320
MATIÈRES FABRIQUÉES																
18 Produits chimiques	473.145	130	473.275	7.637	»	546	95	4.115	»	»	»	»	5.072		383	18.096
19 Teintures préparées	1.293	190	1.483	»	»	»	»	»	»	»	»	»	33	»	»	33
20 Couleurs	160.566	»	160.566	3.071	»	780	615	3.454	»	»	»	»	100	»	»	8.020
21 Compositions diverses	686.395	618	688.020	109.181	185	9.957	60.655	4.231	5	»	15	»	1.300	»	11.510	205.156
22 Poteries	150.457	230	150.687	2.135	»	157	1.193	20.101	»	10	»	»	876	»	1.078	25.022
23 Verres et cristaux	151.745	31	151.788	10.183	»	1.738	3.600	3.152	»	»	»	»	8.091	286	2.793	41.462
24 Fils	197.557	5.635	203.202	5.029	»	»	3.625	1.055	10	»	»	»	4.773	95	775	15.091
25 Tissus	13.187.190	250.307	13.441.847	180.288	2.115	68.171	80.343	16.986	45	»	50	»	88.376	265	89.787	626.628
26 Papier et ses applications	309.552	»	309.552	36.105	»	10.708	1.221	19.264	3.587	»	»	»	455	10	537	71.775
27 Peaux et pelleteries ouvrées	257.506	204	257.709	23.753	»	2.405	4.305	427	25	»	»	»	561	18	2.024	33.937
28 Ouvrages en métaux	2.502.996	121	2.503.117	191.469	515	17.235	67.981	105.758	599	»	7	8.525	19.192	117	53.734	466.107
29 Armes, poudres et munitions	256.404	25	256.429	2.365	»	»	14	135	5	»	»	»	»	»	270	3.013
30 Meubles	36.507	2.000	38.507	13.623	»	110	4.411	4.875	1.575	»	»	»	1.128	»	3.662	29.392
31 Ouvrages en bois	81.030	»	81.030	1.738	»	855	2.505	1.070	51.960	»	»	»	450	»	1.275	59.650
32 Instruments de musique	20.111	1.000	21.111	22.600	»	»	»	26.308	»	»	»	100	»	30	101	49.175
33 Ouvrages de sparterie et de vannerie	126.217	3.185	129.402	29.991	»		2.305	418	»	»	»	»	87	»	1.510	35.309
34 Ouvrages en matières diverses	1.068.191	765	1.068.956	333.231	»	6.409	15.186	52.106	43.051	»	»	»	4.357	600	47.756	561.760
Totaux	19.858.750	268.721	20.127.471	1.061.302	2.815	119.290	247.852	271.941	60.777	10	72	8.625	173.030	1.081	219.133	2.164.938
Totaux généraux	28.625.744	1.318.556	29.944.314	1.804.744	18.095	481.642	598.517	388.334	360.305	2.468	8.206	65.362	175.170	2.401	337.579	4.322.823
Numéraire	1.200.000	»	1.200.000	»	46.980	»	»	»	»	»	»	»	1.800	»	11.662	60.481

N° 42 — TABLEAU RÉCAPITULATIF PAR MATIÈRES DES EXPORTATIONS (ANNÉE 1906)

DENRÉES ET MARCHANDISES DU CRU DE LA COLONIE EXPORTÉES

…S DENRÉES ET MARCHANDISES	en France — Valeurs	dans les colonies et pêcheries françaises — Valeurs	en Angleterre — Valeurs	en Allemagne — Valeurs	à la côte d'Afrique — Valeurs	dans les autres pays — Valeurs	TOTAUX — Valeurs
	francs	francs	francs	francs	francs	francs	francs
…IÈRES ANIMALES							
…	140	193.008	-	»	228.157	547.992	970.117
…illes d'animaux	4.856.546	12.081	242.521	2.287.082	5.450	115.006	7.325.546
…	509	3.005	-	-	1.150	28.935	35.100
…ales brutes propres à la médecine et à la …	-	»	-	-	»	-	-
…miller	132.250	-	23.393	31.570	10.350	1.000	197.390
TOTAUX	5.000.172	309.104	265.914	2.317.852	233.997	691.093	8.727.233
…IÈRES VÉGÉTALES							
…aines	160.075	326.551	194.682	1.220	3.445	36.788	762.011
…	4.510	323	-	-	»	5.115	9.958
…de consommation	652.157	10.500	2.100	71.000		26.000	761.037
…ilteux	4.565.102		1.011.353	1.710.298	36.000	254.215	7.577.458
…des	575	»	-	-	»	600	1.175
…	67.163	49.021	10.100	60.877	38.254	43.522	269.444
…d huile à …	1.654.168	235	107.808	418.318	46.960	78.833	2.297.122
…	14.775	-	-	165.950	5.010	2.345	188.080
…s divers	1.077	4	50	100	5.125	43	6.968
…	221	»	»	»	»	-	221
TOTAUX	7.063.362	596.583	1.327.933	3.497.753	135.291	426.651	11.875.583
…IÈRES MINÉRALES							
…terres et combustibles minéraux	116.556		500	1.000	»	-	118.056
…	6.765.900	55	-		»	-	6.765.950
TOTAUX	6.881.456	55	500	1.000	-		6.883.501
…IÈRES FABRIQUÉES							
…	100	1.530	-		»	860	2.490
…	»		-	-		»	
…	309	»	-	»		»	309
…sses	4.049	900	-	-			4.949
…	-	»	-	-	»		
…	»	-		-	»	»	-
…	»	-		-	»	»	-
…	615	-	»	»	»	-	615
…lications	30	-			»	-	30
…es sources	100	-		»	»	»	100
…ant	2.524	»			»	7.700	10.224
…t munitions	»	-			-	»	»
…		-			»	-	»
…	250	»			»	2	252
…ologie		»			»	»	»
…erie et de vannerie	590.460	1.703	9.142	7.013	-	39.530	641.848
…ces diverses	73.278	»	-	245	60	»	73.578
TOTAUX	840.047	4.163	9.142	7.258	60	42.932	903.602
…UX GÉNÉRAUX	19.611.477	700.255	1.501.510	4.773.633	599.338	1.160.586	28.188.819
Numéraire	»	-	»	»	-	»	»

DENRÉES ET MARCHANDISES PROVENANT DE L'IMPORTATION

…S DENRÉES ET MARCHANDISES	FRANÇAISES, RÉEXPORTÉES: en France — Valeurs	dans les colonies et pêcheries françaises — Valeurs	en Angleterre — Valeurs	en Allemagne — Valeurs	à la côte d'Afrique — Valeurs	dans les autres pays — Valeurs	TOTAUX — Valeurs	ÉTRANGÈRES, RÉEXPORTÉES: en Angleterre — Valeurs	à la côte d'Afrique — Valeurs	dans les autres pays — Valeurs	TOTAUX — Valeurs	TOTAUX GÉNÉRAUX — Valeurs
	francs	francs	francs	francs	francs	francs	francs	francs	francs	francs	francs	francs
…IÈRES ANIMALES												
…	»	»	»	»	»	»	-	»	»	»		970.117
…illes d'animaux	250	2.907	»	-	»	»	3.250	»	»	»	»	7.328.783
…	»	770	»	»	-	»	770	-	»	»	»	35.900
…ales brutes propres à la médecine et à la …	»	»	»	»	»	»	»	»	»	»	»	»
…miller	»	»	»	»	»	»	»	»	»	»	»	197.390
TOTAUX	250	4.767	-	»	»	»	4.016	»	»	»	»	8.731.249
…IÈRES VÉGÉTALES												
…aines	140	635	»	»	»	»	775	»	»	»	»	763.400
…	10	-	»	»	»	»	10	»	»	»	»	9.968
…de consommation	85	1.790	25	»	»	»	1.900	-	»	-	»	763.937
…ilteux	»	370	»	»	»	»	370	»	»	-	»	7.577.728
…des	»	-	»	»	»	»	»	»	»	»	»	1.175
…	»	415	»	»	»	»	415	»	-	»	»	269.859
…d huile à …	»	80		»	»	»	80	»	»	»	»	2.297.202
…	»	»		»	»	»	»	»	»	-	»	188.080
…s divers	250	»	»	»	»	»	250	»	»	»	-	7.558
…	175	475	»	»	»	»	650	»	»	»	»	871
TOTAUX	610	3.715	25	»	»	»	4.350	»	»	»	»	11.879.933
…IÈRES MINÉRALES												
…terres et combustibles minéraux	1.560	216	»	»	-	»	1.776	»	-	-	»	119.827
…	100.607	1.280	-	-	-	6.025	107.912	»	»	»	»	6.873.862
TOTAUX	102.167	1.496	-	»	»	6.025	109.688	»	»	»	»	6.993.189
…IÈRES FABRIQUÉES												
…	300	»	»	»	»	130	430	»	-	»	-	2.920
…	»	»	»	»	»	»	»	»	»	»	»	»
…	»	95	»	»	»	»	95	»	-	»	»	404
…sses	90	284	»	»	»	»	374	»	-	»	»	5.323
…	»	180	»	»	»	-	180	»	»	»	»	180
…	575	-	45	»	»	»	620	»	»	»	»	620
…	»	750	»	»	»	»	750	»	»	»	»	750
…	12.340	71.488	»	»	»	»	83.828	»	»	-	»	84.443
…lications	6.908	250	»	320	»	»	7.478	»	»	»	»	7.508
…es sources	605	550	»	30	»	»	1.185	»	»	»	»	1.285
…ant	45.232	1.845	-	20.150	500	375	68.102	»	»	»	»	78.326
…t munitions	2.005	1.360	1.000	»	»	-	4.365	»	»	»	»	4.365
…	8.813	-	»	»	»	»	8.813	»	»	»	»	8.813
…	708	21	»	30	»	6.450	7.209	»	-	»	-	7.461
…ologie	5	»	»	5	»	»	10	»	»	»	-	10
…erie et de vannerie	200	»	»	»	»	»	209	»	»	»	»	641.848
…ces diverses	7.080	2.600	835	340	200	»	11.175	»	»	»	»	84.747
TOTAUX	86.409	79.403	1.880	20.833	700	6.955	195.852	»	»	»	»	1.099.424
…UX GÉNÉRAUX	189.416	88.381	1.903	20.833	700	12.980	313.476	»	-	»	»	28.502.095
Numéraire	»	»	»	»	5.450	3.500	9.080	»	»	»	»	9.080

N° 43 — ÉTAT DES PRINCIPALES MARCHANDISES IMPORTÉES DE 1897 A 1906

DÉSIGNATION DES PRODUITS	1897	1898	1899	1900	1901	1902	1903	1904	1905	1906
	francs.	francs.	francs.	francs.	francs.	francs.	francs.	francs.	francs.	francs.
Tissus de coton	7.014 385	7.501.467	8.840.862	10.492.056	11.944.764	11.122.592	10.999.141	7.224.955	13.173.223	13.209.401
Vins ordinaires	1.018.724	1.164.341	2.171.653	2.316.440	2.542.535	2.578.062	2.084.837	2.061.335	1.936.063	2.140.984
Alcools divers	386.064	779.412	1.685.688	2.656.386	1.867.410	1.601.309	1.394.152	804.207	851.251	591.809
Riz	751.899	1.050.458	813.621	1.903.653	5.640.638	3.187.702	766.549	1.600.929	895.620	630.670
Farine de froment	257.502	442.344	1.247.110	1.010.537	1.584.128	1.107.621	904.158	1.088.562	1.014.953	840.231
Viandes salées ou conservées	143.059	103.316	197.061	303.448	455.435	300.276	197.813	102.838	136.900	135.054
Bimbeloterie	116.382	170.564	353.875	303.997	303.253	264.359	247.548	336.618	408.364	535.500
Houille	530.051	435.318	176.368	1.501.072	957.990	999.343	600.184	955.867	310.010	382.490
Bois bruts ou sciés	274.526	490.312	230.154	842.208	872.236	1.507.063	185.082	69.159	95.130	441.135
Sucre	152.504	258.516	365.899	403.681	540.730	633.538	383.217	435.421	391.403	522.403
Pétrole	115.066	121.203	170.012	271.232	422.520	352.138	248.232	448.560	320.876	275.440
Vins de Champagne et mousseux	138.112	173.291	247.377	358.929	409.637	401.433	367.610	232.533	228.175	232.063
Tabacs fabriqués	178.464	126.162	203.387	298.683	329.368	354.200	323.733	231.820	271.697	250.594
Ouvrages en bois	83.340	128.739	127.534	1.675.587	376.255	363.473	188.938	66.816	109.051	149.686
Savons autres que de parfumerie	97.321	249.342	»	493.961	421.527	211.882	206.649	208.836	286.724	395.972
Café	61.331	70.534	174.117	259.575	254.345	208.160	272.033	121.553	90.145	142.815
Bière	161.359	157.276	215.365	345.691	333.886	429.538	382.075	231.857	277.034	279.430
Liqueurs	88.367	312.842	182.525	226.244	172.554	124.928	138.441	86.814	74.675	92.094
Ferronnerie	145.168	63.220	233.807	528.121	1.138.913	616.348	399.357	408.141	579.750	772.253
Tissus de laine	56.163	120.253	104.035	280.555	268.673	212.278	187.419	102.114	148.333	162.637
Bougies	93.200	98.040	160.163	204.216	316.191	271.788	300.018	167.815	193.602	208.991
Biscuits sucrés	69.856	40.190	105.138	130.542	127.879	160.054	124.043	77.497	107.224	128.280
Articles de ménage	263.109	340.540	420.838	523.011	661.050	427.517	349.712	330.094	342.338	419.600
Légumes salés ou conservés	65.609	120.192	195.325	299.265	259.129	253.632	223.164	134.844	151.697	83.244
Outils en fer de toute sorte	48.972	160.170	203.651	390.290	399.350	344.468	252.637	175.584	192.592	257.375
Vêtements confectionnés	145.197	318.178	492.066	887.496	510.407	241.018	330.552	155.869	197.972	248.600
Autres marchandises	5.893.279	6.622.590	8.589.895	11.468.911	12.921.929	14.009.316	11.044.277	8.558.737	8.313.108	»
TOTAUX	18.358.918	21.627.817	27.916.616	40.470.813	46.032.759	42.289.036	33.407.171	26.419.384	31.193.410	34.267.141

N° 44 — ÉTAT DES PRINCIPALES MARCHANDISES EXPORTÉES DE 1897 A 1906

DÉSIGNATION DES PRODUITS	1897	1898	1899	1900	1901	1902	1903	1904	1905	1906
	francs.	francs.	francs.	francs.	francs.	francs.	francs.	francs.	francs.	francs.
Bœufs	547.335	653.604	842.719	1.155.840	812.135	4.401.250	2.475.185	1.108.355	1.076.820	943.057
Caoutchouc	1.101.200	1.290.028	2.213.140	1.831.809	667.480	545.030	2.581.439	3.842.106	4.840.926	7.537.940
Raphia	593.344	561.202	1.522.077	2.040.734	1.955.706	1.039.150	1.838.368	2.077.997	2.377.829	2.100.804
Cire	502.881	382.782	525.569	507.800	649.730	789.510	556.018	682.070	994.396	1.157.558
Peaux	260.240	632.002	786.127	521.353	762.507	602.841	1.140.085	2.221.954	3.710.550	6.258.472
Vanille	171.965	113.495	140.846	220.070	160.015	302.108	206.613	172.314	465.492	475.748
Or	213.612	338.521	1.070.825	3.587.917	2.299.676	3.880.605	5.856.778	7.602.949	6.874.061	6.765.325
Girofles	48.147	16.380	16.055	64.855	26.711	27.283	70.999	104.410	86.915	163.727
Riz	41.658	124.071	79.881	23.786	21.230	16.884	33.493	62.520	213.845	332.841
Légumes secs	23.544	127.629	214.477	245.462	197.955	374.770	283.773	248.604	501.231	152.330
Crin végétal	»	21.876	18.881	73.533	36.453	12.751	27.290	4.630	44.105	29.923
Bois d'ébénisterie	34.319	114.190	70.220	42.285	111.544	263.058	504.754	369.734	217.090	158.315
Bois équarris ou sciés	42.844	16.270	1.245	1.005	17.465	34.664	90.626	15.225	71.949	100.070
Sacs vides	16.914	35.804	13.613	52.030	10.750	19.420	36.575	32.840	7.890	»
Rabanes	2.716	48.511	64.473	7.581	5.212	7.412	6.695	10.875	47.567	30.074
Poissons secs ou salés	3.336	23.286	8.380	1.300	»	»	»	»	25.725	34.460
Écailles de tortue	»	60.281	70.562	68.806	55.497	70.955	89.654	99.570	119.229	139.679
Autres marchandises	738.277	414.617	387.300	177.108	185.407	660.050	2.015.773	611.311	877.474	»
TOTAUX	4.342.432	4.974.549	8.046.408	10.623.860	8.975.473	13.144.440	17.884.018	19.357.464	22.553.904	28.302.695

XII

NAVIGATION

N° 45 — TABLEAU GÉNÉRAL DE LA NAVIGATION EN 1906

NAVIRES PORTANT LE PAVILLON	ENTRÉES				SORTIES			
	NOMBRE	TONNAGE	MARCHANDISES DÉBARQUÉES		NOMBRE	TONNAGE	MARCHANDISES EMBARQUÉES	
			Tonnage.	Valeur.			Tonnage.	Valeur.
		tonnes.	t. k^{os}	fr. c.		tonnes.	t. k^{os}	fr. c.
Français	4.666	948.905	82.593 252	52.751.803 07	4.699	949.390	64.730 598	41.764.133 53
Anglais	1.790	63.954	25.301 220	5.081.196 20	1.802	66.248	11.403 077	4.804.453 60
Allemand	124	70.310	5.113 245	2.616.282 65	125	70.324	4.066 206	3.661.055 »
Indien	69	5.008	1.898 216	576.872 »	64	5.238	1.823 925	291.510 »
Autres pavillons	315	24.735	5.145 234	1.428.080 »	313	25.518	5.658 710	1.354.805 60
TOTAUX	6.964	1.112.912	120.051 167	62.455.233 92	7.003	1.116.718	87.781 525	51.875.957 73

N° 49 — MOUVEMENT GÉNÉRAL DE LA NAVIGATION PAR PORT PENDANT L'ANNÉE 1906 (ENTRÉES)

PAYS DE PROVENANCE		NAVIRES FRANÇAIS				NAVIRES ÉTRANGERS				TOTAUX GÉNÉRAUX DES NAVIRES ENTRÉS		
		Nombre	Tonnage	Marchandises débarquées		Nombre	Tonnage	Marchandises débarquées		Nombre	Tonnage	Marchandises débarquées
				Tonnage	Valeur			Tonnage	Valeur			Tonnage
			tonnes	t. k.	francs		tonnes	t. k.	francs		tonnes	t. k.
AMPANORO	Cabotage	700	5.089	2.250 706	425.017 »	839	4.250	1.609 254	506.513	1.089	8.339	3.918 500
AMBOHIBÉ	Cabotage	314	25.610	781 392	454.820 »	27	271	46 318	51.857	341	25.887	827 710
ANALALAVA	France	»	»	321 454	100.153 »	»	»	»	»	»	»	321 454
	Réunion	»	»	0 835	352 »	»	»	»	»	»	»	0 835
	Autres colonies françaises	»	»	0 827	330 »	»	»	»	»	»	»	0 827
	Colonies anglaises	»	»	8 976	4.754 »	»	»	»	»	»	»	8 976
	Allemagne	»	»	0 088	100 »	»	»	»	»	»	»	0 088
	Côte d'Afrique	1	61	5 090	550 »	12	3.672	24 545	1.950	13	3.733	30 235
	Autres pays	»	»	0 837	4.557 »	»	»	»	»	»	»	0 837
	Cabotage	1.023	29.956	3.104 582	1.041.557 »	243	2.205	708 655	515.135	1.266	32.161	3.812 927
	Totaux	1.024	30.017	3.445 170	1.616.313 »	255	5.877	732 900	517.075	1.279	35 884	4.178 160
ANDEVORANTE	France	12	30.302	2.108 837	2.025.218 05	2	1.607	1.300 731	668.194	14	31.909	3.409 568
	Réunion	»	»	1 030	997 »	»	»	»	»	»	»	1 030
	Autres colonies françaises	»	»	»	»	2	2.730	733 870	150.083	2	2.730	733 870
	Angleterre	»	»	7 000	11.232 »	»	»	25 819	11.964	»	»	32 704
	Inde anglaise	»	»	»	»	»	»	107 866	20.442	»	»	107 866
	Allemagne	»	»	2 052	1.080 »	3	2.353	170 396	106.403	3	2.353	172 398
	Côte d'Afrique	»	»	»	»	1	1.976	»	»	1	1.976	»
	Autres pays	»	»	0 846	1.136 »	»	»	5 176	5.708	»	»	6 022
	Cabotage	5	26	171 805	31.160 »	55	3.518	156 102	180.308	60	3.544	327 907
	Totaux	17	30.328	2.352 405	2.070.358 05	63	12.150	2.588 960	1.152 405	80	42.578	4.941 315

N° 46 — MOUVEMENT GÉNÉRAL DE LA NAVIGATION PAR PORT PENDANT L'ANNÉE 1906 (ENTRÉES)

Pays de provenance		Navires français				Navires étrangers				Totaux généraux des navires entrés			
		Nombre	Tonnage	Marchandises débarquées — Tonnage	Marchandises débarquées — Valeur	Nombre	Tonnage	Marchandises débarquées — Tonnage	Marchandises débarquées — Valeur	Nombre	Tonnage	Marchandises débarquées — Tonnage	Marchandises débarquées — Valeur
			tonnes	t. k.	francs		tonnes	t. k.	francs		tonnes	t. k.	francs
REZ	France	37	79.011	18 081	9.050.353	1	773	0 350	1.242	38	79.784	19 031	9.060.585
	Réunion	25	51.396	0 708	6 694	1	728	0 600	3.406	26	52.124	1 308	9.100
	Autres colonies françaises	»	»	»	»	1	1.378	0 509	2.072	1	1.378	0 509	2.072
	Angleterre	»	»	»	»	6	14.760	15 300	1.027.584	6	14.760	15 300	1.027.584
	Inde anglaise	»	»	»	»	5	575	0 625	2 725	5	575	0 625	2.725
	Autres colonies anglaises	1	355	0 042	330	»	»	»	»	1	355	0 042	330
	Allemagne	»	»	»	»	1	773	»	»	1	773	»	»
	Autres pays	»	»	»	»	2	1.092	1 300	10.777	2	1.092	1 300	10.777
	Cabotage	33	21.488	3 201	4.086.201	1	160	»	»	34	21.648	3 201	4.086.201
	Totaux	100	152.250	22 722	13.151.550	18	18 184	17 675	1.048.450	118	170.434	40 397	14.200.000
ANA	France	1	2.427	291 452	335.798	»	»	269 332	17.873	1	2.427	560 784	353.671
	Réunion	»	»	16 108	7.353	»	»	»	»	»	»	16 108	7.353
	Autres colonies françaises	»	»	0 336	1.025	»	»	»	»	»	»	0 336	1.025
	Angleterre	»	»	0 030	345	»	»	»	»	»	»	0 030	345
	Allemagne	»	»	7 081	6.710	4	3.124	4 633	2.635	4	3.124	11 714	9.345
	Autres pays	»	»	»	»	2	872	»	»	2	872	»	»
	Cabotage	134	19.857	1.009 545	599.437	2	70	261 312	239.869	136	19.927	1.270 857	839.306
	Totaux	135	22.334	1.324 552	950.668	8	4.066	535 277	259.377	143	26.390	1.859 829	1.210.045

N° 46. — MOUVEMENT GÉNÉRAL DE LA NAVIGATION PAR PORT PENDANT L'ANNÉE 1906 (ENTRÉES).

PAYS DE PROVENANCE		NAVIRES FRANÇAIS				NAVIRES ÉTRANGERS				TOTAUX GÉNÉRAUX DES NAVIRES ENTRÉS			
				Marchandises débarquées				Marchandises débarquées				Marchandises débarquées	
		Nombre.	Tonnage.	Tonnage.	Valeur.	Nombre.	Tonnage.	Tonnage.	Valeur.	Nombre.	Tonnage.	Tonnage.	[illegible]
			tonnes.	k.	fr. c.		tonnes.	k.	fr. c.		tonnes.	k.	
PORT-DAUPHIN	France (1)	»	»	426 194	376.779 »	»	»	61 012	24.872 15	»	»	487 206	[illegible]
	Réunion (2)	»	»	4 140	3.997 »	»	»	2 363	1.610 »	»	»	6 503	
	Autres colonies françaises	»	»	0 836	2.010 »	»	»	»	»	»	»	0 836	
	Angleterre	»	»	3 900	7.252 »	»	»	11 282	5.950 »	»	»	15 191	
	Maurice	»	»	»	»	»	»	»	»	»	»	»	
	Inde	»	»	»	»	»	»	»	»	»	»	»	
	Autres colonies anglaises (Natal) (3)	»	»	2 140	1.380 »	6	2.616	6 660	4.525 »	6	2.616	8 776	
	Allemagne	»	»	13 050	17.201 »	1	781	2 425	4.965 »	1	781	15 500	
	Côte d'Afrique	»	»	»	»	»	»	»	»	»	»	»	
	Autres pays	»	»	5 625	7.338 »	»	»	1 930	4.014 50	»	»	7 561	
	Cabotage	40	13.958	972 850	605.361 52	4	60	664 666	201.196 »	44	14.018	1.637 516	[illegible]
TOTAUX		40	13.958	1.428 740	1.214 333 52	11	3.457	550 343	407.132 65	51	17.415	1.979 083	1,[illegible]

(1) Marchandises importées de France ... [illegible] ... à Tamatave ... [illegible] ... Zanzibar — Comores.

(2) Marchandises importées de la Réunion par navires français ... [illegible] ... Zanzibar — [illegible].

(3) Marchandises importées par l'État de Natal ... [illegible] ...

N° 46 — MOUVEMENT GÉNÉRAL DE LA NAVIGATION PAR PORT PENDANT L'ANNÉE 1906 ENTRÉES

PAYS DE PROVENANCE	NAVIRES FRANÇAIS				NAVIRES ÉTRANGERS				TOTAUX GÉNÉRAUX DES NAVIRES ENTRÉS			
	Nombre	Tonnage	Marchandises débarquées		Nombre	Tonnage	Marchandises débarquées		Nombre	Tonnage	Marchandises débarquées	
			Tonnage	Valeur			Tonnage	Valeur			Tonnage	Valeur
		tonnes		francs		tonnes		francs		tonnes		francs
France	1	1 209	0 325	860	3	2.343	139 ?04	16 163	4	3.553	139 780	17.023
Angleterre	1	1.209	0 508	609	»	»	»	»	1	1.209	0 508	809
Cabotage	8	6.120	156 210	31.075	37	693	237 027	104 027	45	6.818	393 237	135.102
TOTAUX	10	8.520	156 959	32 854	40	3.036	376 587	180 190	50	11 562	533 546	213.034
Autres pays	»	»	0 124	105	»	»	»	»	»	»	0 124	100
Cabotage	166	25.095	531 902	363.089	44	327	16 521	93 570	210	25.372	548 423	457.259
TOTAUX	166	25.095	532 026	363 789	44	327	16 521	93 570	210	25.372	548 547	457.356
France	23	57.958	5 093 612	4.915 118	»	»	16 395	31 863	23	57.958	5.109 007	4.945.981
Réunion	12	30.883	535 594	47 471	»	»	»	»	12	30.883	535 594	47.371
Autres colonies françaises	12	717	395 667	73.062	20	3 032	599 852	128 656	32	3.749	995 519	201.718
Inde anglaise	»	»	»	»	7	735	229 395	130 827	7	730	229 395	130.827
Autres colonies anglaises	»	»	112 650	97.062	1	781	50 581	50	1	781	163 131	97.112
Allemagne	»	»	0 762	404	2	2.905	99 222	60 393	2	2.905	99 984	60.796
Côte d'Afrique	1	75	2 450	2 417	16	15 325	218 637	2 250	17	15.400	221 087	4.667
Autres pays	»	»	0 095	570	2	1.062	255 »	113 178	2	1.062	255 095	113.748
Cabotage	365	35.977	3.012 009	1.820.125	566	9.825	3.174 302	1.024 925	931	45.752	6.187 186	2.845.505
TOTAUX	413	125.558	9.053 594	6.965.101	518	31.158	5.132 175	1.519 056	927	157.716	15.185 769	8.585.001

N° 46 — MOUVEMENT GÉNÉRAL DE LA NAVIGATION PAR PORT PENDANT L'ANNÉE 1906 (ENTRÉES)

PAYS DE PROVENANCE		NAVIRES FRANÇAIS				NAVIRES ÉTRANGERS				TOTAUX GÉNÉRAUX DES NAVIRES ENTRÉS			
		Nombre.	Tonnage.	Marchandises débarquées		Nombre.	Tonnage.	Marchandises débarquées		Nombre.	Tonnage.	Marchandises débarquées	
				Tonnage.	Valeur.			Tonnage.	Valeur.			Tonnage.	Valeur.
			tonnes.	tonnes.	francs.		tonnes.	tonnes.	francs.		tonnes.	tonnes.	
MANANJARY	France	13	30.908	2.412.265	2.417.116 25	»	»	324.747	110.746 »	13 (?)	30.908	2.736.012 »	2.536.
	Réunion	»	»	83.118	30.201 »	»	»	1.312	560 »	»	»	84.430 »	30.
	Autres colonies françaises	»	»	14.200	30.332 »	»	»	»	»	»	»	14.200 »	30.
	Angleterre	»	»	42.766	54.846 »	»	»	13.461	6.561 »	»	»	56.227 »	61.
	Maurice	»	»	3	10 »	»	»	»	»	»	»	3 »	
	Allemagne	»	»	21.474	15.105 »	4	3.124	24.865	20.077 »	4	3.124	46.339 »	35.
	Côte d'Afrique		»	»	»	»	»	»	»	»	»	»	
	Autres pays	»	»	6.608	8.031	»	»	11.254	7.031 »	»	»	17.862 »	15.
	Cabotage	72	19.804	1.265.051	1.138.248 »	11	955	78.320	132.621 »	83	20.709	1.343.371 »	1.270.
	Totaux	85	50.602	3.858.361	3.715.089 25	15	4.079	455.120	286.536 »	99	54.681	4.299.690 »	4.001
MAROANTSÉTRA	France		»	»	»	»	»	»	»	»	»	»	
	Angleterre	»	»	»	»	»	»	»	»	»	»	»	
	Allemagne	»	»	»	»	»	»	»	»	»	»	»	
	Cabotage	40	9.164	165	104.200 »	26	1.056	147	123.441 »	66	10.220	312 »	317.
	Totaux	40	9.164	165	104.200 »	26	1.056	147	123.441 »	66	10.220	312 »	317.
MAROVOAY	Cabotage	191	3.218	1.047	658.781 80	386	3.763	1.181.560	743.410 20	577	6.981	2.258.300	1.502

IMPR. MADAGASCAR

N° 46 — MOUVEMENT GÉNÉRAL DE LA NAVIGATION PAR PORT PENDANT L'ANNÉE 1906. ENTRÉES

DE PROVENANCE	NAVIRES FRANÇAIS				NAVIRES ÉTRANGERS				TOTAUX GÉNÉRAUX DES NAVIRES ENTRÉS			
	Nombre	Tonnage	Marchandises débarquées		Nombre	Tonnage	Marchandises débarquées		Nombre	Tonnage	Marchandises débarquées	
			Tonnage	Valeur			Tonnage	Valeur			Tonnage	Valeur
		tonnes				tonnes				tonnes		
France	»	»	88 453	111.326 »	»	»	»	»	»	»	88 453	111.336 »
Réunion	»	»	1 365	890 »	»	»	»	»	»	»	1 365	890 »
Autres colonies françaises	»	»	7 030	28.75. »	»	»	0 300	30	»	»	7 030	28.745 »
Angleterre	»	»	2 122	5.056 »	»	»	»	»	»	»	2 122	5.056 »
Maurice	»	»	0 235	134 »	»	»	»	»	»	»	0 235	134 »
Inde anglaise	»	»	2 375	5.912 »	1	66	0 615	375	1	66	2 990	6.337 »
Allemagne	»	»	6 518	5.399 »	»	»	»	»	»	»	6 518	5.109
Autres pays	»	»	1 010	1.205 »	»	»	»	»	»	»	1 010	1.205 »
Cabotage	308	23.034	965 836	961.7878 »	77	561	180 936	182.922	385	23.597	1.146 772	1.150.000 »
Totaux	308	23.031	1 085 532	1.125.857 »	78	632	181 851	183.127	386	23.663	1.267 383	1.309.174 »
France	12	15.400	735 825	816.208 50	»	»	446 303	310.216	12	15.400	1.181 128	1.126.384 50
Réunion	11	13.200	12 370	36.707 »	»	»	»	»	11	13.200	12 370	36.707 »
Autres colonies françaises	156	46.262	5 200	9.050 »	»	»	5 365	5.345	156	46.262	10 565	14.395 »
Angleterre	»	»	11 170	39.355 »	»	»	»	»	»	»	11 170	39.355 »
Maurice	»	»	0 000	1.920 »	»	»	»	»	»	»	0 000	1.920 »
Inde anglaise	»	»	70 300	90.813 »	15	850	46 274	62.939	15	850	116 574	153.752 »
Autres colonies anglaises	»	»	131 753	260.185 »	»	»	»	»	»	»	131 753	260.185 »
Allemagne	»	»	50 230	32 405 »	16	17.200	55 393	55.652	16	17.200	105 623	87.057 »
Côte d'Afrique	»	»	0 065	110 »	»	»	»	»	»	»	0 065	110 »
Autres pays	»	»	3 035	60.505 »	1	1.207	»	»	1	1.207	3 035	60.505 »
Cabotage	105	750	1 505 283	1.008.627 »	65	4.637	107 131	33.200	160	5.387	1 602 515	1.142.877 »
Totaux	284	75.612	2 589 323	2.466 073 50	96	23.695	660 507	456.723	380	98.306	3.148 999	2.923.096 50

N° 46 — MOUVEMENT GÉNÉRAL DE LA NAVIGATION PAR PORT PENDANT L'ANNÉE 1906 (ENTRÉES)

PAYS DE PROVENANCE		NAVIRES FRANÇAIS				NAVIRES ÉTRANGERS				TOTAUX GÉNÉRAUX DES NAVIRES ENTRÉS		
		Nombre.	Tonnage.	Marchandises débarquées		Nombre.	Tonnage.	Marchandises débarquées		Nombre.	Tonnage.	Marchandises débarquées
				Tonnage	Valeur			Tonnage.	Valeur.			Tonnage
			tonneaux.	tonnes.	francs.		tonneaux.	tonnes.	francs.		tonneaux.	tonnes.
SAINTE-MARIE	France	12	27.336	96.205	53.573	»	»	»	»	12	27.586	96.200
	Réunion	8	15.417	10.100	8.252	»	»	»	»	8	15.417	10.100
	Inde	»	»	200	256	»	»	»	»	»	»	200
	Autres colonies anglaises	»	»	1.500	850	»	»	»	»	»	»	1.500
	Cabotage	96	22.296	350.600	280.835	63	1.972	318.800	158.876	159	24.218	669.400
	TOTAUX	116	69.119	458.600	339.771	63	1.972	318.800	158.876	179	66.171	777.400
TAMATAVE	France	25	84.108	21.107.635	10.002.095	1	773	237.697	79.392	26	84.881	21.305.332
	Réunion	29	67.591	376.391	172.802	»	»	»	»	29	67.591	376.391
	Autres colonies françaises	»	»	10.570	1.700	1	1.378	655.500	221.242	1	1.378	666.070
	Angleterre	»	»	»	»	»	»	»	»	»	»	»
	Maurice	4	5.641	24.212	4.387	2	365	»	»	6	6.006	24.212
	Inde	»	»	»	»	»	»	20.700	6.900	»	»	20.700
	Autres colonies anglaises	»	»	105.563	26.459	1	820	»	»	1	820	105.563
	Allemagne	»	»	15.132	2.455	3	2.343	131.703	63.001	3	2.343	146.835
	Côte d'Afrique	»	»	5.980	967	»	»	311	137	»	»	6.291
	Autres pays	»	»	21.517	5.036	»	»	470.089	136.035	»	»	491.606
	Cabotage	175	53.710	3.754.166	2.702.732	105	7.610	2.407.060	965.216	278	61.320	6.161.226
	TOTAUX	231	211.060	25.585.009	12.977.232	113	13.468	3.702.060	1.472.870	344	224.528	29.277.069

N° 46 — MOUVEMENT GÉNÉRAL DE LA NAVIGATION PAR PORT PENDANT L'ANNÉE 1906 (ENTRÉES)

PAYS DE PROVENANCE	NAVIRES FRANÇAIS				NAVIRES ÉTRANGERS				TOTAUX GÉNÉRAUX DES NAVIRES ENTRÉS			
	Nombre.	Tonnage.	Marchandises débarquées		Nombre.	Tonnage.	Marchandises débarquées		Nombre.	Tonnage.	Marchandises débarquées	
			Tonnage.	Valeur.			Tonnage.	Valeur.			Tonnage.	Valeur.
		tonneaux.	tonnes.	francs.		tonneaux.	tonnes.	francs.		tonneaux.	tonnes.	francs.
France	»	»	735.712	907.510	1	779	111.321	89.209	1	779	847.033	1.020.510
Réunion	»	»	39.218	14.662	»	»	»	»	»	»	39.218	15.662
Autres colonies françaises	»	»	50.031	177.018	»	»	»	»	»	»	50.031	177.018
Angleterre	»	»	17.883	21.998	»	»	»	»	»	»	17.883	21.998
Inde	»	»	6.658	5.818	»	»	»	»	»	»	6.658	5.818
Autres colonies anglaises	»	»	4.755	3.519	»	»	»	»	»	»	4.755	3.519
Allemagne	»	»	28.672	21.309	»	»	»	»	»	»	28.672	21.309
Côte d'Afrique	»	»	»	»	12	2.577	53.776	22.768	12	2.577	53.776	22.768
Autres pays	»	»	2.857	9.380	»	»	»	»	»	»	2.857	9.380
Cabotage	530	13.835	1.855.691	1.380.253	85	868	290.575	284.078	514	14.722	2.145.216	1.673.331
Totaux	530	13.835	2.715.402	2.011.187	97	5.244	465.672	389.056	627	18.078	3.180.074	2.933.233
France	»	»	»	»	»	»	»	»	»	»	»	»
…ANO) Angleterre	»	»	»	»	»	»	»	»	»	»	»	»
Allemagne	»	»	»	»	»	»	»	»	»	»	»	»
Cabotage	»	»	»	»	»	»	»	»	»	»	»	»
Totaux	»	»	»	»	»	»	»	»	»	»	»	»

N° 46 — MOUVEMENT GÉNÉRAL DE LA NAVIGATION PAR PORT PENDANT L'ANNÉE 1906. ENTRÉES

PAYS DE PROVENANCE		NAVIRES FRANÇAIS				NAVIRES ÉTRANGERS				TOTAUX GÉNÉRAUX DES NAVIRES ENTRÉS		
		Nombre.	Tonnage.	Marchandises débarquées		Nombre.	Tonnage.	Marchandises débarquées		Nombre.	Tonnage.	Marchandises débarquées
				Tonnage.	Valeur.			Tonnage.	Valeur.			Tonnage.
			tonnes.	tonnes.	francs.		tonnes.	tonnes.	francs.		tonnes.	tonnes.
VATOMANDRY	France	13	31.115	367.307	319.687	»	»	125.308	35.[illegible]	12	31.115	492.405
	Réunion	»	»	2.955	1.558	»		»		»	»	2.955
	Autres colonies françaises	»	»	15.868	33.603	»	»	256.316	35.[illegible]	»	»	272.185
	Angleterre	»	»	10.373	15.137	1	1.378	5.957	2.670	1	1.378	22.320
	Maurice	»	»	1	10	»	»	»	»	»	»	1
	Autres colonies anglaises	»	»	422	425	»	»	»	»	»	»	422
	Allemagne	»	»	2.185	1.220	3	2.353	6.285	5.121	3	2.353	8.470
	Autres pays	»	»	806	1.601	1	748	661	556	1	748	1.467
	Cabotage	21	21.022	358.707	218.111	71	2.755	378.556	99.307	92	23.777	737.213
	Totaux	33	52.747	755.608	567.958	76	6.479	593.262	197.238	109	59.366	1.347.086
VOHÉMAR	France	»	»	96.403	214.334	1	773	150.000	58.711	1	773	246.403
	Réunion	»	»	11.055	4.850	»	»	»	»	»	»	11.055
	Maurice	»	»	»	»	25	18.753	»	»	25	18.753	»
	Autres colonies anglaises		»	»	»	»	»	»	»	»	»	»
	Allemagne	»	»	»	»	»	»	»	»	»	»	»
	Cabotage	33	20.415	489.002	408.894	»	»	»	»	33	20.415	489.002
	Totaux	33	20.415	596.560	628.028	26	19.526	150.000	58.711	59	39.938	746.560

N° 47 — MOUVEMENT GÉNÉRAL DE LA NAVIGATION PAR PORT PENDANT L'ANNÉE 1906 (SORTIES)

	PAYS DE DESTINATION	NAVIRES FRANÇAIS Nombre.	NAVIRES FRANÇAIS Tonnage	NAVIRES FRANÇAIS Marchandises embarquées Tonnage	NAVIRES FRANÇAIS Marchandises embarquées Valeur.	NAVIRES ÉTRANGERS Nombre.	NAVIRES ÉTRANGERS Tonnage	NAVIRES ÉTRANGERS Marchandises embarquées Tonnage	NAVIRES ÉTRANGERS Marchandises embarquées Valeur.	TOTAUX GÉNÉRAUX DES NAVIRES SORTIS Nombre.	TOTAUX GÉNÉRAUX DES NAVIRES SORTIS Tonnage.	TOTAUX GÉNÉRAUX DES NAVIRES SORTIS Marchandises embarquées Tonnage.	TOTAUX GÉNÉRAUX DES NAVIRES SORTIS Marchandises embarquées Valeur.
			tonnes	t. k°°	francs		tonnes	t. k°°	francs		tonnes	t. k°°	francs
O……	Colonies françaises	»	»	»	»	»	»	»	»	»	»	»	»
	Inde anglaise	»	»	»	»	»	»	»	»	»	»	»	»
	Cabotage	711	4.244	492 606	381.977	341	4.302	618 437	399.624	1.052	8.546	1.111 033	781.601
	Totaux	711	4.244	492 606	381.977	341	4.302	618 437	399.624	1.052	8.546	1.111 033	781.601
E……	France	»	»	103 303	50.170	»	»	»	»	»	»	103 303	50.170
	Réunion	»	»	19 621	11.350	»	»	»	»	»	»	19 621	11.350
	Angleterre	»	»	122 810	136.445	»	»	»	»	»	»	122 810	136.445
	Maurice	»	»	6 750	2.500	»	»	»	»	»	»	6 750	2.500
	Allemagne	»	»	2 722	15.620	»	»	»	»	»	»	2 722	15.620
	Côte d'Afrique	»		»	»	»	»	»	»	»	»	»	»
	Cabotage	313	25.647	504 611	274.196	28	279	70 086	36.702	341	25.926	574 629	310.898
	Totaux	313	25.647	618 759	490.379	28	279	70 086	36.702	341	25.926	688 835	527.281
AYA……	France	»	»	400 984	550.265	»	»	»	»	»	»	400 984	550.265
	Colonies françaises	2	110	136 522	11.719	»	»	»	»	2	110	136 522	11.719
	Angleterre	»	»	63 528	42.365		»	»	»	»	»	63 528	42.365
	Allemagne	»	»	88 255	51.855	»	»	»	»	»	»	88 255	51.855
	Côte d'Afrique	»	»	»	»	12	3.072	1.155 570	182.970	12	3.072	1.155 570	182.970
	Autres pays	»	»	10 314	6.020	»	»	»	»	»	»	10 314	6.020
	Cabotage	1.015	29.793	1.477 733	1.068.327	249	2.258	353 119	313.503	1.264	32.051	1.830 852	1.381.730
	Totaux	1.017	29.903	2.207 336	1.737.451	261	5.330	1.507 689	496.373	1.278	35.833	3.715 025	2.233.824

N° 47 — MOUVEMENT GÉNÉRAL DE LA NAVIGATION PAR PORT PENDANT L'ANNÉE 1906 (SORTIES)

PAYS DE DESTINATION		NAVIRES FRANÇAIS — Nombre.	NAVIRES FRANÇAIS — Tonnage	NAVIRES FRANÇAIS — Marchandises transportées — Tonnage	NAVIRES FRANÇAIS — Marchandises transportées — Valeur	NAVIRES ÉTRANGERS — Nombre.	NAVIRES ÉTRANGERS — Tonnage	NAVIRES ÉTRANGERS — Marchandises transportées — Tonnage.	NAVIRES ÉTRANGERS — Marchandises transportées — Valeur	TOTAUX GÉNÉRAUX DES NAVIRES SORTIS — Nombre.	TOTAUX GÉNÉRAUX DES NAVIRES SORTIS — Tonnage.	TOTAUX GÉNÉRAUX DES NAVIRES SORTIS — Marchandises transportées — Tonnage.	TOTAUX GÉNÉRAUX DES NAVIRES SORTIS — Marchandises …
			tonnes.	t. k°	francs.		tonnes.	t. k°	francs.		tonnes.	t. k°	
ANDEVORANTE	France	12	30.393	297 509	263.665	»	»	51 012	20.200	12	30.393	348 006	
	Réunion	»	»	2 300	1 900	1	773	»	»	1	773	2 300	
	Angleterre	»	»	9 058	15.100	»	»	»	»	»	»	9 058	
	Maurice	»	»	1 017	1.300	»	»	»	»	»	»	1 017	
	Allemagne	»	»	56 776	81.320	3	2.353	285 500	364.927	3	2.353	342 275	
	Côte d'Afrique	»	»	»	»	1	1.076		»	1	1.076	»	
	Autres pays	»	»	20 600	10.000	»	»	»		»	»	20 600	
	Cabotage	5	43	35 503	38.590	60	7.077	525 905	258.200	65	7.120	460 308	
Totaux		17	30.436	422 738	361.872	65	11.169	772 516	632 346	82	42.605	1.168 174	
DIÉGO-SUAREZ	France	25	51.363	13 087	3.502.150	»	»	»	»	25	51.363	13 087	
	Réunion	36	80 128	2 036	12.565		»	»	»	36	80.128	2 036	
	Angleterre	»	»	»	»	7	10.766	0 385	107.845	7	10.766	0 385	
	Inde anglaise	»			»	3	5.650	0 050	374	3	5.650	0 070	
	Autres colonies anglaises	1	335	»		»	»	»	»	1	335	»	
	Autres pays	»	»	»	»	5	3.911	0 535	139.133	5	3,911	0 555	
	Cabotage	37	24.025	2 663	1.500.020	3	485	»	»	42	23.520	2 083	
Totaux		99	155.871	17 788	5.015.650	20	19.802	1 010	247.350	119	176.673	18 800	

N° 47 — MOUVEMENT GÉNÉRAL DE LA NAVIGATION PAR PORT PENDANT L'ANNÉE 1906 (SORTIES)

	NAVIRES FRANÇAIS				NAVIRES ÉTRANGERS				TOTAUX GÉNÉRAUX DES NAVIRES SORTIS			
… DE DESTINATION	Nombre	Tonnage	Marchandises embarquées: Tonnage	Marchandises embarquées: Valeur	Nombre	Tonnage	Marchandises embarquées: Tonnage	Marchandises embarquées: Valeur	Nombre	Tonnage	Marchandises embarquées: Tonnage	Marchandises embarquées: Valeur
		tonnes	[illegible]	fr. c.		tonnes	[illegible]	francs		tonnes	[illegible]	fr. c.
France	1	2.427	158 677	305.506 »	»	»	»	»	1	2.427	158 677	305.506 »
Angleterre	»	»	1 200	4.900 »	»	»	»	»	»	»	1 200	4.900 »
Allemagne	»	»	2 982	1 305 »	4	3.125	162 326	188.511	4	3.125	165 308	189.816 »
Autres pays	»	»	»	»	2	872	»	»	2	872	»	»
Cabotage	134	19.897	816 528	443.720 »	2	70	306 256	91.560	136	19.967	1.122 784	535.180
Totaux	135	22.324	977 077	755.501 »	8	4.066	468 582	270.080	143	26.390	1.446 259	1.025.581
France	»	»	»	»	1	781	32 078	16.500	1	781	32 078	16.500 »
Allemagne	»	»	»	»	2	1.562	117 815	100.270	2	1.562	117 815	100.270 »
Cabotage	10	8.526	34 103	10.400 »	37	693	111 080	17.840	47	9.219	145 183	28.240 »
Totaux	10	8.526	34 103	10.400 »	40	3.036	260 973	134.610	50	11.562	295 076	145.010 »
France	»	»	47 098	80.150 »	»	»	»	»	»	»	47 098	80.150 »
Angleterre	»	»	8 301	22.350 »	»	»	21 319	29.760	»	»	29 620	52.110 »
Maurice	»	»	1 450	3.000 »	»	»	»	»	»	»	1 450	3.000 »
Autres colonies anglaises	»	»	»	»	6	2.616	203 730	36 385	6	2.616	203 730	36.385 »
Allemagne	»	»	166 096	290.950 »	1	781	65 706	86.150	1	781	231 802	377.100 »
Autres pays	»	»	7 754	42.950 »	»	»	»	»	»	»	7 754	42.950 »
Cabotage	38	12.028	776 199	647.460 73	5	1.804	112 409	115.537	43	13.832	888 608	763.000 73
Totaux	38	12.028	1.007 942	1.086.860 73	12	5.201	402 434	267.832	50	17.229	1.409 876	1.354.701 73

N° 47 — MOUVEMENT GÉNÉRAL DE LA NAVIGATION PAR PORT PENDANT L'ANNÉE 1906 (SORTIES)

PAYS DE DESTINATION		NAVIRES FRANÇAIS				NAVIRES ÉTRANGERS				TOTAUX GÉNÉRAUX DES NAVIRES SORTIS		
				MARCHANDISES EMBARQUÉES				MARCHANDISES EMBARQUÉES				MARCHANDISES EMBA[RQUÉES]
		Nombre.	Tonnage.	Tonnage.	Valeur.	Nombre.	Tonnage.	Tonnage.	Valeur.	Nombre.	Tonnage.	Tonnage.
			tonnes.	T. M.	francs.		tonnes.	T. M.	francs.		tonnes.	T. M.
MAINTIRANO	Cabotage	171	24.107	301 761	307.722	47	338	67 365	105.531	218	24.445	369 126
MAJUNGA	France	12	28.177	1.250 820	2.091 018	»	»	2 350	3.250	12	28.177	1.253 170
	Réunion	»		6 531	555	»	»	»	»	»	»	6 531
	Autres colonies françaises	11	701	93 135	51.057	17	1.420	705 196	12.251	28	2.121	798 331
	Angleterre	»		312 550	255.660	»	»	2 350	3.500	»	»	314 900
	Maurice	»	»	»		1	1.378	»	»	1	1.378	»
	Inde anglaise	»	»	»	»	9	1.128	620 981	8.727	9	1.128	620 981
	Autres colonies anglaises	»	»	1 330	2.800	2	2.180	128 101	80.155	2	2.180	129 431
	Allemagne	»	»	290 700	612.651	9	11.749	995 222	702.955	9	11.749	1.285 922
	Côte d'Afrique	»	»	»	»	3	718	129 105	65.325	3	718	129 105
	Autres pays	»	»	90 950	108.193	1	728	2 330	3.260	1	728	93 280
	Cabotage	411	87.[illegible]	5.405 592	3.573.065	476	13.951	1.994 562	1.338.038	887	109.079	7.400 154
	Totaux	535	115.933	7.39[illegible]	7.165.978	518	33.225	5.580 217	2.207.149	952	149.158	11.975 735
MANANJARY	France	12	30.998	896 403	1.591.107	»	»	»	»	12	30.998	896 403
	Réunion	»	»	1 750	1.790	»	»	»	»	»	»	1 750
	Angleterre	»	»	16 235	55.523	»	»	»	»	»	»	16 235
	Maurice	»	»	135 125	31.685	»	»	»	»	»	»	135 125
	Allemagne	»	»	62 565	91.374	4	3.124	326 179	520.986	4	3.124	388 664
	Autres pays	»	»	1 403	8.155	»	»	»	»	»	»	1 403
	Cabotage	76	19.760	555 828	1.050.299	10	949	17 895	49.505	86	20.709	573 723
	Totaux	88	50.758	1.679 719	2.710.383	14	4.073	344 074	570.489	102	54.831	2.023 793

N° 47 — MOUVEMENT GÉNÉRAL DE LA NAVIGATION PAR PORT PENDANT L'ANNÉE 1906 (SORTIES)

PAYS DE DESTINATION		NAVIRES FRANÇAIS				NAVIRES ÉTRANGERS				TOTAUX GÉNÉRAUX DES NAVIRES SORTIS			
		Nombre.	Tonnage.	Marchandises embarquées Tonnage.	Marchandises embarquées Valeur.	Nombre.	Tonnage.	Marchandises embarquées Tonnage.	Marchandises embarquées Valeur.	Nombre.	Tonnage.	Marchandises embarquées Tonnage.	Marchandises embarquées Valeur.
			tonnes.	t. k.	fr. c.		tonnes.	t. k.	fr. c.		tonnes.	t. k.	francs.
…BA.	Réunion	3	212	0 370	16.000 »	»	»	»	»	3	212	0 370	16.000
	Cabotage	32	8.855	0 185	229.107 »	28	1.095	0 331	108.750 »	60	9.950	0 516	337.857
	Totaux	35	9.067	0 555	245.107 »	28	1.095	0 331	108.750 »	63	10.162	0 886	353.857
A	France	»	»	51 128	85.125 »	»	»	»	»	»	»	51 128	85.125
	Angleterre	»	»	41 973	102.825 »	»	»	»	»	»	»	41 973	132.825
	Maurice	»	»	2 »	1.500 »	»	»	»	»	»	»	2 »	1.500
	Allemagne	»	»	13 204	63.320 »	»	»	»	»	»	»	13 204	63.320
	Cabotage	317	23.090	397 394	696.811 »	76	620	138 162	236.272 »	393	23.710	535 556	933.083
	Totaux	317	23.090	505 701	1.001.581 »	76	620	138 162	236.272 »	393	23.710	643 863	1.237.853
	Cabotage	198	3.207	2.068 500	815.956 90	370	3.706	2.058 »	585.590 50	568	6.913	4.126 500	1.401.547
	France	12	15.500	93 903	151.536 »	»	»	39 816	30.600 »	12	15.500	133 719	182.136
	Réunion	11	13.200	0 205	93 »	»	»	»	»	11	13.200	0 205	93
	Autres colonies françaises	154	66.250	281 715	52.633 »	»	»	203 800	15.100 »	154	66.250	485 515	67.733
	Angleterre	»	»	5 767	82.960 »	»	»	»	»	»	»	5 767	82.960
	Maurice	»	»	0 983	1.500 »	»	»	»	»	»	»	0 983	1.500
	Inde anglaise	»	»	15 100	2.500 »	15	850	267 970	29.500 »	15	850	283 »	32.000
	Autres colonies anglaises	»	»	350 722	190.110 »	»	»	»	»	»	»	350 722	190.110
	Allemagne	»	»	763 605	325.411 »	16	17.203	315 200	291.504 »	16	17.203	1.078 805	616.915
	Autres pays	»	»	»	»	1	1.207	1 850 »	55.000 »	1	1.207	1.850 »	55.000
	Cabotage	109	750	1.010 762	1.530.729 »	66	5.624	350 854	330.560 »	175	6.374	2.061 616	1.861.289
	Totaux	581	76.700	3 122 690	2.667.670 »	98	24.884	3.178 700	768.650 »	679	101.584	6.247 390	3.326 740

N° 47 — MOUVEMENT GÉNÉRAL DE LA NAVIGATION PAR PORT PENDANT L'ANNÉE 1906 (SORTIES)

PAYS DE DESTINATION		NAVIRES FRANÇAIS				NAVIRES ÉTRANGERS				TOTAUX GÉNÉRAUX DES NAVIRES SORTIS		
				Marchandises embarquées				Marchandises embarquées				Marchandises embarquées
		Nombre.	Tonnage.	Tonnage.	Valeur.	Nombre.	Tonnage.	Tonnage.	Valeur.	Nombre.	Tonnage.	Tonnage.
			tonneaux.	t. k.	francs.		tonneaux.	t. k.	francs.		tonneaux.	t. k.
SAINTE-MARIE	France	12	27.536	245 350	250.665	»	»	»	»	12	27.536	245 350
	Réunion	7	9.618	301 200	35.281	»	»	»	»	7	9.668	301 200
	Angleterre	»	»	0 100	40	»	»	»	»	»	»	0 100
	Maurice	»	»	0 650	25	1	270	124 »	15.000	1	270	124 650
	Autres colonies anglaises	1	354	217 500	20.150	»	»	»	»	1	354	217 500
	Autres pays	»	»	0 167	15.500	»	»	»	»	»	»	167 »
	Cabotage	97	26.707	0 517	60.106	61	1.667	63 900	19.636	158	28.374	540 900
	Totaux	117	64.215	1.448 100	367.047	62	1.937	187 900	34.636	179	66.152	1.036 »
TAMATAVE	France	29	68.182	10.964 821	8.750.766	»	»	11 838	10.500	29	68.182	10.976 659
	Réunion	40	90.480	219 530	198.951	»	»	»	»	40	90.480	219 530
	Autres colonies françaises	»	»	0 455	350	»	»	»	»	»	»	0 455
	Angleterre	»	»	164 922	138.210	»	»	»	»	»	»	164 922
	Maurice	1	38	5 625	4.751	»	»	20 358	15.023	1	38	25 983
	Allemagne	»	»	788 030	690.080	3	2.353	216 804	178.804	3	2.353	1.004 833
	Côte d'Afrique	»	»	0 135	135	»	»	»	»	»	»	0 135
	Autres pays	»	»	65 467	78.052	»	»	»	»	»	»	65 467
	Cabotage	158	41.040	7.103 »	3.187.665	110	11.154	2 036 »	1.050.279	268	52.234	9.139 »
	Totaux	228	200.780	19.395 »	13.057.920	113	13.497	2.288 »	1.253.086	341	223.277	21.503 »

N° 47 — MOUVEMENT GÉNÉRAL DE LA NAVIGATION PAR PORT PENDANT L'ANNÉE 1906 (SORTIES)

	…YS DE DESTINATION	NAVIRES FRANÇAIS				NAVIRES ÉTRANGERS				TOTAUX GÉNÉRAUX DES NAVIRES SORTIS			
		Nombre.	Tonnage.	Marchandises embarquées		Nombre.	Tonnage.	Marchandises embarquées		Nombre.	Tonnage.	Marchandises embarquées	
				Tonnage.	Valeur.			Tonnage.	Valeur.			Tonnage.	Valeur.
			tonnes.	t. k°	francs.		tonnes.	t. k°	francs.		tonnes.	t. k°	francs.
	France	»	»	1.137 312	1.765.530			6 075	3.000			1.143 387	1.768.530
	Réunion	»	»	318 952	107.979			»	»			318 952	107.979
	Autres colonies françaises	»	»	»	»			»	»			»	»
	Angleterre	»	»	283 926	410.037	1	437	155 082	97.300	1	437	439 008	507.337
	Maurice	»	»	83 256	37.630			»	»			83 256	37.630
	Inde	»	»	0 201	1.000			»	»			0 201	1.000
	Autres colonies anglaises	»	»	0 220	1.100			»	»			0 220	1.100
	Allemagne	»	»	1 862	18.750			5 110	13.350			6 972	32.100
	Côte d'Afrique	»	»	»	»	11	2.150	456 273	82.579	11	2.150	456 273	82.579
	Autres pays	»	»	9 807	48.500	»	»	»	»	»	»	9 807	48.500
	Cabotage	523	13.293	354 328	326.290	87	1.649	455 600	521.622	610	14.942	809 928	847.852
	Totaux	523	13.293	2.186 105	2.726.716	99	4.226	1.076 740	717.051	622	17.519	3.262 934	3.444.067
…ANO.	France	»	»	»	»	»	»	»	»	»	»	»	»
	Angleterre	»	»	»	»	»	»	»	»	»	»	»	»
	Allemagne	»	»	»	»	»	»	»	»	»	»	»	»
	Autres pays	»	»	»	»	»	»	»	»	»	»	»	»
	Cabotage	»	»	»	»	»	»	»	»	»	»	»	»
	Totaux	»	»	»	»	»	»	»	»	»	»	»	»

N° 47 — MOUVEMENT GÉNÉRAL DE LA NAVIGATION PAR PORT PENDANT L'ANNÉE 1906 (SORTIES)

PAYS DE DESTINATION		NAVIRES FRANÇAIS				NAVIRES ÉTRANGERS				TOTAUX GÉNÉRAUX DES NAVIRES SORTIS		
		Nombre.	Tonnage.	Marchandises embarquées. Tonnage.	Marchandises embarquées. Valeur.	Nombre.	Tonnage.	Marchandises embarquées. Tonnage.	Marchandises embarquées. Valeur.	Nombre.	Tonnage.	Marchandises embarquées. Tonnage.
			tonneaux.	t. k.	francs.		tonneaux.	t. k.	francs.		tonneaux.	t. k.
VATOMANDRY	France	12	31.115	405 971	418.116	»	»	204 983	145.500	12	31.115	610 954
	Réunion	»	»	1 572	1.400	»	»	»	»	»	»	1 572
	Angleterre	»	»	12 150	9.084	1	1.376	»	»	1	1.376	12 150
	Maurice	»	»	»	»	»	»	»	»	»	»	»
	Autres colonies anglaises	»	»	»	»	»	»	»	»	»	»	»
	Allemagne	»	»	20 533	35.750	3	2.353	54 550	65 000	3	2.353	75 083
	Autres pays	»	»	3 166	10.400	1	768	»	»	1	768	3 166
	Cabotage	21	21.622	60 394	132.997	72	2.169	210 117	257 530	93	23.791	270 511
	TOTAUX	33	52.737	553 786	617.934	77	6.633	469 650	461.030	110	59.370	1.023 436
VOHÉMAR	France	»	»	113 036	300.885	»	773	389 482	47.293	1	773	502 518
	Réunion	»	»	6 380	3.070	»	»	»	»	»	»	6 380
	Angleterre	»	»	»	»	»	»	»	»	»	»	»
	Maurice	1	1.200	400 »	13.000	44	17.930	2.629 »	495.990	45	19.130	3.029 »
	Allemagne	»	»	»	»	»	»	»	»	»	»	»
	Autres pays	»	»	»	»	»	»	»	»	»	»	»
	Cabotage	34	19.975	788 370	294.974	»	»	»	»	34	19.975	788 370
	TOTAUX	35	21.175	1.001 086	611.829	45	18.753	3.235 382	563.163	80	39 918	3.237 968

N° 48 — STATISTIQUE DES BATIMENTS IMMATRICULÉS DANS LES PORTS DE LA COLONIE AU 31 DÉCEMBRE 1906

NOMS DES PORTS ET ESPÈCES DES BATIMENTS		BATIMENTS DE CONSTRUCTION EUROPÉENNE Nombre.	BATIMENTS DE CONSTRUCTION EUROPÉENNE Tonnage.	BATIMENTS DE CONSTRUCTION INDIGÈNE Nombre.	BATIMENTS DE CONSTRUCTION INDIGÈNE Tonnage.	TOTAUX GÉNÉRAUX Nombre.	TOTAUX GÉNÉRAUX Tonnage.
			tonnes.		tonnes.		tonnes.
OHIBÉ	**Navires à voiles**						
	de 1 à 50 tonnes	»	»	»	»	»	»
ÉVORANTE	**Navires à voiles**						
	de 5 à 15 tonnes	»	»	»	»	»	»
O-SUAREZ	**Navires à voiles**						
	de 20 à 100 tonnes	17	1.200	175	510	192	1.710
	de 100 tonnes et au-dessus	»	»	»	»	»	»
	TOTAUX	17	1.200	175	510	192	1.710
	Navires à vapeur						
	de 15 à 300 tonnes	12	730	»	»	12	730
	TOTAUX GÉNÉRAUX	29	1.930	175	510	204	2.440
AFANGANA	**Navires à voiles**						
	de 1 à 50 tonnes	»	»	18	90	18	90
-DAUPHIN	**Navires à voiles**						
	de 1 à 15 tonnes	»	»	»	»	»	»

N° 48 — STATISTIQUE DES BATIMENTS IMMATRICULÉS DANS LES PORTS DE LA COLONIE
AU 31 DÉCEMBRE 1906 (Suite.)

NOMS DES PORTS ET ESPÈCES DES BATIMENTS		BATIMENTS DE CONSTRUCTION EUROPÉENNE		BATIMENTS DE CONSTRUCTION INDIGÈNE		TOTAUX GÉNÉRA[UX]	
		Nombre.	Tonnage.	Nombre.	Tonnage.	Nombre.	Tonnag[e].
			tonnes.		tonnes.		tonne[s].
MAJUNGA	**Navires à voiles**						
	de 1 à 100 tonnes	»	»	9	87 326	9	87 3[26]
	Navires à vapeur						
	de 1 à 100 tonnes	»	»	»	»	»	»
	Totaux	»	»	9	87 326	9	87 3[26]
MANANJARY	**Navires à voiles**						
	de moins de 100 tonnes	»	»	»	»	»	»
MAHANORO	**Navires à voiles**						
	de moins de 100 tonnes	»	»	»	»	»	»
MORONDAVA	**Navires à voiles**						
	de 1 à 10 tonnes	»	»	11	44 »	11	44
	Navires à vapeur						
	de 1 à 10 tonnes	»	»	»	»	»	»
	Totaux	»	»	11	44 »	11	44
NOSSI-BÉ	**Navires à voiles**						
	de 2 à 6 tonnes	»	»	4	15 »	4	15

N° 48 — STATISTIQUE DES BATIMENTS IMMATRICULÉS DANS LES PORTS DE LA COLONIE AU 31 DÉCEMBRE 1906 (Fin.)

NOMS DES PORTS ET ESPÈCES DES BATIMENTS		BATIMENTS DE CONSTRUCTION EUROPÉENNE		BATIMENTS DE CONSTRUCTION INDIGÈNE		TOTAUX GÉNÉRAUX	
		Nombre.	Tonnage.	Nombre.	Tonnage.	Nombre.	Tonnage.
			tonnes.		tonnes.		tonnes.
NTE-MARIE	Navires à voiles						
	de 1 à 50 tonnes	»	»	»	»	»	»
MATAVE	Navires à voiles						
	de 1 à 50 tonnes	»	»	11	207	11	207
	de 50 à 100 —	1	74	»	»	1	74
	de 100 à 200 —	1	134	»	»	1	134
	de 200 à 300 —	1	217	»	»	1	217
	Totaux	3	425	11	207	14	632
LÉAR	Navires à voiles						
	de 1 à 50 tonnes	»	»	»	»	»	»
NTIRANO	Navires à voiles						
	de 0 à 2 tonnes	1	2	»	»	1	2
	de 3 à 5 —	1	5	»	»	1	5
	de 6 à 8 —	»	»	1	8	1	8
	de 9 à 10 —	»	»	1	10	1	10
	Totaux	2	7	2	18	4	25
HÉMAR	Navires à voiles						
	de moins de 100 tonnes	»	»	»	»	»	»

ÉTAT DE LA NAVIGATION DE 1897 A 1906

N° 49 — ÉTAT STATISTIQUE DE LA NAVIGATION DANS LES PORTS DE MADAGASCAR DE 1897 A 1906

ANNÉES	MOUVEMENT DES RADES			NATIONALITÉ DES NAVIRES — ENTRÉS				
	Entrées	Sorties	Totaux	Français	Anglais	Allemand	Indien	Autres pavillons
	3.951	4.013	7.074	2.074	1.476	100	152	159
	6.265	6.220	12.491	3.765	2.143	101	103	81
	6.680	6.718	13.398	4.649	1.805	63	50	57
	6.400	6.425	12.825	4.351	1.850	85	43	82
	6.713	6.727	13.440	4.900	1.650	118	70	68
	6.357	6.383	12.739	4.530	1.460	118	90	141
	6.468	6.464	12.933	4.387	1.783	109	65	124
	6.883	6.857	13.740	4.237	2.209	86	42	200
	6.471	6.453	13.024	4.277	1.858	106	45	185
	6.964	7.003	13.967	4.666	1.790	124	50	375

ANNÉES	NATIONALITÉ DES NAVIRES — SORTIS					TONNEAUX DE JAUGE			NOMBRE DE PASSAGERS		
	Français	Anglais	Allemand	Indien	Autres pavillons	Entrés	Sortis	Totaux	Embarqués	Débarqués	Totaux
						t. k°	t. k°	t. k°			
	2.091	1.659	99	157	205	827.533 166	801.636 040	1.629.169 206	20.869	24.069	44.938
	3.705	2.140	102	176	106	887.836 748	881.875 708	1.769.712 456	20.929	34.014	54.943
	4.616	1.901	84	62	53	873.449 830	878.750 250	1.752.200 080	23.788	27.375	51.163
	4.387	1.808	85	35	56	1.010.941 »	1.008.011 »	2.018.952 »	26.025	35.399	61.424
	5.010	1.551	123	75	62	1.228.631 792	1.230.320 252	2.458.952 044	26.747	32.619	59.366
	4.568	1.460	116	94	149	1.364.600 »	1.352.702 »	2.717.302 »	28.130	30.683	58.805
	4.366	1.787	110	74	127	1.209.945 »	1.231.821 »	2.441.766 »	27.732	26.093	53.825
	4.242	2.271	88	54	212	1.119.886 »	1.109.076 »	2.228.962 »	24.748	24.894	49.642
	4.285	1.842	104	43	179	1.198.177 »	1.169.568 »	2.367.745 »	21.098	23.092	44.790
	4.089	1.802	155	64	313	1.112.912 »	1.116.718 »	2.229.630 »	[illegible]	»	»

STATISTIQUES GÉNÉRALES DE MADAGASCAR

POUR 1906

TABLE DES MATIÈRES

I — POPULATION

Pages.

Population européenne.

Population indigène.

Population totale.

II — PROFESSIONS

III — FINANCES

IV — JUSTICE

V — INSTRUCTION PUBLIQUE

VI — CHEMINS DE FER

VII — CONCESSIONS

VIII — CULTURES ET COLONISATION

IX — INDUSTRIE FORESTIÈRE

X — MINES

XI — COMMERCE

XII — NAVIGATION

MELUN. IMPRIMERIE ADMINISTRATIVE. — O.C. 1954 Z